智能建造应用技术

重庆市住房和城乡建设技术发展中心　**组织编写**
关志鹏　赵　辉　杨修明　**主　编**

中国建设科技出版社有限责任公司
China Construction Science and Technology Press Co., Ltd.

北　京

图书在版编目(CIP)数据

智能建造应用技术/重庆市住房和城乡建设技术发展中心组织编写；关志鹏，赵辉，杨修明主编 . —北京：中国建设科技出版社有限责任公司，2025.2. —ISBN 978-7-5160-3640-2

Ⅰ. TU74-39

中国国家版本馆 CIP 数据核字第 20248C2W16 号

智能建造应用技术

ZHINENG JIANZAO YINGYONG JISHU

重庆市住房和城乡建设技术发展中心　组织编写

关志鹏　赵　辉　杨修明　主　编

出版发行　中国建设科技出版社有限责任公司

地　　址：北京市西城区白纸坊东街 2 号院 6 号楼

邮　　编：100054

经　　销：全国各地新华书店

印　　刷：北京雁林吉兆印刷有限公司

开　　本：787mm×1092mm　1/16

印　　张：9.5

字　　数：240 千字

版　　次：2025 年 2 月第 1 版

印　　次：2025 年 2 月第 1 次

定　　价：79.00 元

编委会

主编单位：重庆市住房和城乡建设技术发展中心

参编单位：重庆现代建筑产业发展研究院

中冶赛迪城市建设（重庆）有限公司

同炎数智（重庆）科技有限公司

中建八局两江建设有限公司

中机中联工程有限公司

重庆渝高科技产业（集团）股份有限公司

广联达科技股份有限公司

重庆科技大学

重庆中建海龙两江建筑科技有限公司

重庆恒昇大业建筑科技集团有限公司

主　　编：关志鹏　赵　辉　杨修明

副主编：王永合　杨元华　孔志鹏　雷　俊　钱　渝　王金伟　吴俊楠

编写人员：代世清　胡　晴　张艺伟　陈飞舟　李后荣　王永超　羊　波

侯　军　韩华银　葛留名　张俊兵　彭小倩　康金柱　付　静

张　砚　袁晓峰　陈进东　蒋先琴　卫　然　宋吕文　皮　璐

唐绍伟　黄祁聪　刘学生　夏承禹　尹　航　周结宏　黄乔松

冯　武　徐安飞　马俊达　冯骊骁　郑雪松　姚　洋　南　翔

贾郁霏

前　　言

　　建筑业是国民经济的支柱产业，传统建筑业对资源的依赖度高、能源消耗大、建造效率低下、劳动力密集、管理粗放，施工过程中的安全隐患大量存在，质量问题时有发生。随着社会发展和技术进步，传统建筑业已难以满足现代社会对高效、绿色、安全、智能的需求，寻找新的技术路径和发展模式成为行业共识，开展智能建造技术研发与应用，成为解决以上问题的关键路径。

　　智能建造是以建筑工业化为载体，以新一代信息技术、先进制造技术与工程建造技术深度融合为核心，以提升建造效率、效益和工程质量安全为目标，实现工程项目全过程数字化、网络化、智能化的新型建造方式。其对于传统的工程建造的思维方式、实施流程、组织模式等将带来巨大的变革。发展智能建造，是促进建筑业转型升级、实现高质量发展的迫切需求，是稳增长扩内需、做强做优数字经济的重要举措，是顺应国际潮流、提高我国建筑业国际竞争力的有力抓手。近年来，国家通过试点城市、试点项目的实践来探索智能建造的应用模式和技术路径，但仍然面临产业链不完善、人才队伍缺乏、应用场景挖掘难度大等问题。

　　本书共 5 章，分别介绍了智能建造的发展背景及基本情况，智能建造技术体系和技术应用。在技术应用方面，将智能建造按照数字化设计、工业化生产、智能化施工、信息化管理的技术路线进行了详细论述，旨在全面梳理智能建造技术内容与应用实践，为行业从业者提供较系统、全面的参考资料。同时，结合国内典型项目案例，展示、总结了智能建造技术在工程实践中的应用效果与经验。希望能通过本书促进更多人对智能建造技术的关注与探索，共同推动建筑业的转型升级与可持续发展。

　　智能建造发展仍处于探索实践阶段，本书编委会以技术内容结合项目应用进行了研究总结，难免有不足之处，恳请读者批评指正。

本书编委会
2024 年 8 月

目　　录

1 概述 1

1.1 智能化发展背景 1

1.2 智能建造的概念与作用 2

1.3 国内外智能建造发展情况 4

2 智能建造八大关键技术 7

2.1 BIM 技术 7

2.2 GIS 技术 7

2.3 AR、VR、MR 技术 8

2.4 5G 技术 8

2.5 物联网技术 9

2.6 云计算技术 10

2.7 人工智能技术 11

2.8 大数据技术 11

3 智能建造四大应用场景 13

3.1 智能建造在建设全过程的应用 13

3.2 数字化设计 13

3.3 工业化生产 39

3.4 智能化施工 52

3.5 信息化管理 96

4 智能建造两大保障体系 105

4.1 概述 105

4.2 标准规范体系 105

4.3 安全保障体系 108

5 智能建造技术综合应用案例 111

5.1 智能建造综合应用案例（一） 111

5.2 智能建造综合应用案例（二） 122

1 概　述

1.1 智能化发展背景

以"云物大智移"为代表的新一代信息科学技术的井喷式突破和广泛应用，推动了消费互联网的成熟和产业互联网的蓬勃兴起，带来了新一轮的智能化浪潮。为社会经济转型提供了巨大的内生动力，催生了新兴产业的发展，加快了传统产业转型升级的步伐。"智能工厂""智能企业""智慧城市""智能经济"等层出不穷，可以说，我们已经步入了智能化变革的新时代。各种智能科技的创新应用，已深刻改变着这个时代的产业发展模式，产业新生态在逐渐形成，行业"颠覆洗牌"的风潮已被深刻感知。面对新形势，如何运用以智能化技术为代表的先进生产力和生产科技，推动各个行业的发展和转型，是急需探索的新方向。

1.1.1 产业智能化变革成为大趋势

当前，新一代信息技术迅猛发展，已经成为世界经济社会发展的重要驱动力，在信息技术产业全面深化和变革创新的新阶段，泛在、融合、智能和绿色发展趋势凸显，新产品、新服务、新业态大量涌现，对于促进社会就业、拉动经济增长、调整产业结构、转变发展方式具有十分重要的作用，智能化转型已经成为席卷全球的新趋势，未来，每个人、每个企业、每个行业都将裹在其中。对建筑业而言，以 BIM 技术为核心的云计算、大数据、物联网、移动互联网、人工智能、5G 等信息技术已日趋成熟，以技术创新驱动和助推管理的革新已成为目前行业和产业发展的大势。

在智能化变革的浪潮中，建筑业发展水平如何呢？麦肯锡全球机构行业数字化指数显示，建筑业的智能化水平较低；房地产业数字化水平排名居中；排在前面的是智能制造、金融、媒体和信息产业，其数字化水平较高。应该说，建筑业的智能化发展任重道远。

在制造业，数字化革命正针对整个产业链的每个环节，以制造业为代表的先进的智能制造，在数字化变革之下已走在前列，以智能制造为代表的工业 4.0 正在攻破传统制造业的城墙。无论是德国工业 4.0、美国的工业互联网，还是《中国制造 2025》，其本质都是智能制造，而智能制造的核心是智能化技术。

1.1.2 传统建筑业存在问题

改革开放 40 多年来，我国建成了一大批世界瞩目的工程，中国大厦、中国桥、中国港、中国路享誉世界，产业发展日新月异，仍然具有广阔市场和巨大需求。在取得伟大成就的同时，我们也清楚认识到自身不足，当前产业仍然处于劳动密集型的现状没有改变，工业化程度还很低，安全、质量问题突出，农村释放出的大量劳动力仍然是建设的主力，传统的建造方式越来越不能适应新时代中国高质量经济发展需要，且成为产业发展的阻力，突出矛盾表现在以下几个方面。

（1）劳动力需求大与劳动力日益减少的矛盾：传统的生产方式需要耗费大量的劳动力，相关数据显示，自 2012 年起，我国 16 岁至 59 岁劳动力人口在数量和比重上连续出现双降，7 年间减少了 2600 余万人，建筑工地现场 50 岁以上工人占 50％以上。可以预见，劳动力将成为行业发展的制约因素。

（2）现场施工环境差与以人为本的发展理念的矛盾：当前基础设施建设正面临深水、高山、峡谷、远海等更为复杂的建设环境，现场施工作业条件更为恶劣，再加上施工部位人员密集，安全风险不断攀升，对人才和工人的吸引力越来越弱。

（3）生产方式落后与美丽中国建设的矛盾：一是对原材料需求量大，资源消耗大；二是传统现场为主的施工产生大量的噪声、粉尘、污染，环境冲击大，若在城市内施工会对既有生态造成影响，影响城市市民生活。

（4）质量控制难与高质量发展的矛盾：工程点多面广，质量控制点多，受人工素质影响大，如：混凝土结构出现养护不够、易开裂、外观不佳等质量问题。

如何提高基础设施建造品质及效率、最大程度减少劳动力投入、降低施工成本、提高劳动生产率、降低施工安全风险是当前需要解决的重大课题，亟待转型升级当前建造方式，改变落后现状。

1.1.3 建筑业智能化转型升级是必然

科技浪潮势不可当。同时，在科技创新驱动下，消费升级拉动、环境要求推动、产业低效倒逼建筑业转型，建筑业自身发展也面临着转型升级的迫切需求。在此背景下，用智能科技助力建筑业转型升级成为必然。

与先进制造业相比，建筑业主要依赖资源要素投入和大规模投资拉动发展，劳动密集特征明显，资源消耗大、科技创新能力不足等问题突出。特别近两年受土木建筑经济下行影响，建筑业传统建造方式受到较大冲击，粗放型的发展模式难以为继。面对内外部发展形势的倒逼，中国建造向以工业化、信息化、智能化为基础的绿色建造转型，已成为必然。

2020 年印发的《住房和城乡建设部等部门关于推动智能建造与建筑工业化协同发展的指导意见》（以下简称《指导意见》），旨在推进建筑工业化、数字化、智能化升级，加快建造方式转变，推动建筑业高质量发展，打造具有国际竞争力的"中国建造"品牌。

1.2 智能建造的概念与作用

1.2.1 智能建造的概念

智能建造是以建筑工业化为载体，以新一代信息技术、先进制造技术与工程建造技术深度融合为核心，以提升建造效率、效益和工程质量安全为目标，实现工程项目全过程数字化、网络化、智能化的新型建造方式。

智能建造围绕建筑业高质量发展的总体目标，以数字化、智能化升级为动力，创新突破相关核心技术，提升工程质量安全、效益和品质，有效拉动内需，培育国民经济新的增长点，实现建筑业转型升级和持续健康发展。

1.2.2 智能建造的作用

智能建造的发展，不仅带来工程建设全过程、全环节的深度变革，更将从产品形态、建造方式、经营理念、市场形态以及行业管理等方面重塑建筑业。

智能建造涵盖了多个方面。在设计阶段，利用BIM（建筑信息模型）技术进行三维建模可帮助设计师更精确地规划建筑结构和布局，同时便于各方协同工作，减少设计错误和沟通成本。例如，通过使用BIM，设计师可以在模型中预先布置管线、电气等专业设施，确保各专业之间的协调一致，避免施工中的冲突。

在施工阶段，智能建造工程引入了机器人技术、无人机勘测、3D打印等先进手段。这些技术的应用不仅提高了施工精度，还大幅提升了施工安全性。比如，使用无人机进行工地巡查，可以及时发现安全隐患并做出处理；3D打印技术则能够用于建造复杂的建筑构件，减少人工成本和材料浪费。

智能建造还涉及智能管理系统的开发和应用。这类系统能够实时监控施工进度、材料使用情况以及工地环境等关键指标，帮助项目管理人员做出科学决策。此外，通过物联网技术，可以将各种智能设备和传感器连接起来，实现数据的自动收集和分析，从而进一步优化施工流程，确保项目按时按质完成。

总体来说，智能建造是现代信息技术与传统建筑行业相结合的产物，它不仅提高了建筑行业的生产效率和工程质量，也为未来的城市发展提供了更多可能。随着技术的不断进步，智能建造工程有望在节能减排、绿色建筑等方面发挥更大作用，推动建筑行业的可持续发展。

1.2.3 发展智能建造的意义

智能建造将促进建设观念、设计理念、建造方式、管理模式的变革，具有以下重大意义：

一是促进建筑业转型升级、实现高质量发展的必然要求。长期以来，我国建筑业主要依赖资源要素投入、大规模投资拉动发展，建筑业的工业化、信息化水平较低，生产方式粗放、劳动效率不高、能源资源消耗较大、科技创新能力不足等问题比较突出，建筑业与先进制造技术、信息技术、节能技术融合不够，建筑产业互联网和建筑机器人的发展应用不足。特别是在近年来经济增长动力不足的情况下，建筑业传统建造方式受到较大冲击，粗放型发展模式已难以为继，迫切需要通过加快推动智能建造与建筑工业化协同发展，集成5G、人工智能、物联网等新技术，形成涵盖科研、设计、生产加工、施工装配、运营维护等全产业链融合一体的智能建造产业体系，走出一条内涵集约式高质量发展新路。

二是有效拉动内需、做好"六稳""六保"工作的重要举措。智能建造与建筑工业化协同发展，具有科技含量高、产业关联度大、带动能力强等特点，不仅会推进工程建造技术的变革创新，还将从产品形态、商业模式、生产方式、管理模式和监管方式等方面重塑建筑业，并可以催生新产业、新业态、新模式，为跨领域、全方位、多层次的产业深度融合提供应用场景。这项工作既具有巨大的投资需求，又能带动庞大的消费市场，乘数效应、边际效应显著，有助于加快形成强大的国内市场，是当前有效缓解经济下行压力、壮大发展新动能的重要举措，能够为做好"六稳"工作、落实"六保"任务提供有力支撑。

三是顺应国际潮流、提升我国建筑业国际竞争力的有力抓手。随着新一轮科技革命和产业变革向纵深发展，以人工智能、大数据、物联网、5G 和区块链等为代表的新一代信息技术加速向各行业全面融合渗透。在工程建设领域，主要发达国家相继发布了面向新一轮科技革命的国家战略，如美国制定了《基础设施重建战略规划》、英国制定了《建造 2025》战略、日本实施了建设工地生产力革命战略等。与发达国家智能建造技术相比，我国还存在不小差距，迫切需要将推动智能建造与建筑工业化协同发展作为抢占建筑业未来科技发展高地的战略选择，通过推动建筑工业化、数字化、智能化升级，打造"中国建造"升级版，提升企业核心竞争力，迈入智能建造世界强国行列。

1.3 国内外智能建造发展情况

1.3.1 国外智能建造发展情况

1）美国

美国是最早开始使用 BIM 的国家，于 2007 年开始，要求大型招标项目必须提交 3D BIM 信息模型。美国建筑师协会（AIA）于 2008 年提出全面以 BIM 为主整合各项作业流程，并在 BIM 国际标准制定、基础软件研发等领域都处于世界领先地位。2017 年美国政府发布《基础设施重建战略规划》，提出安全绿色与耐久性建筑产品、建造过程经济效益和可持续性的同步发展、人工智能与建筑行业结合的新技术研发的发展规划，实现 2025 年降低基础设施全寿命周期成本 50%，2030 年达到 100% 的碳中和设计目标。

2）英国

英国政府于 2013 年提出《英国建造 2025》，到 2025 年将建筑排放量减少 50%，将施工时间缩短 50%。为实现这一战略目标，英国政府主要举措如下：一是政府强制推行 BIM 技术，将 BIM 技术作为国家战略进行实施，要求在 2016 年所有公建项目需至少达到第二级 BIM 水平，从根本上解决行业信息碎片化的问题，将各方信息集成在同一平台进行管理；二是大力推进 3D 打印（三维打印）和 VR 技术在建筑行业的应用，3D 打印用于实现更快速、更准确的定制预制构件，基于 VR 技术的建筑安全体验馆，提供逼真的遇险场景、视频观看及安全考核等功能模块，让体验感更强，安全教育效果更明显，为施工作业安全保驾护航。

3）日本

"i-Construction"是日本国土交通省主要推进的智能建造战略之一，即在建筑现场导入 ICT 技术。ICT 是信息与通信技术的简称，将新一代信息技术，引入到建筑现场。

"i-Construction"以"信息化"为前提,主要涉及以下方面:一是ICT技术的全面使用,在施工现场,采用无人机等进行三维测量,采用ICT控制机械进行施工,实现高速且高品质的建筑作业;二是规格的标准化,施工现场由于尺寸、作业方式的不同,其要求也不同,采用技术统合,进行数据分析,将施工现场的规格标准化,实现最大效率;三是施工周期的标准化,采用更加先进的计划管理系统,使得施工周期可控,同时分散周期排序,减少繁忙期和闲散期。

1.3.2 国内智能建造发展情况

1)国家政策

2018年12月,习近平总书记在新年贺词中提到"中国制造、中国创造、中国建造共同发力,继续改变着中国的面貌"。中国建造的核心是智能建造、工业化建造和绿色建造。

2020年3月,中共中央政治局常务委员会召开会议提出,以新发展理念为引领以技术创新为驱动,以信息网络为基础,面向高质量发展需要,提供数字转型、智能升级、融合创新等服务的"新基建"体系。

2020年5月,《2020年国务院政府工作报告》提出,重点支持"两新一重"(新型基础设施建设,新型城镇化建设,交通、水利等重大项目)建设。

2020年7月,住房城乡建设部等十三部委发布《关于推动智能建造与建筑工业化协同发展的指导意见》,重点推进建筑工业化、数字化、智能化升级,加快建造方式转变,推动建筑业高质量发展。

2020年8月,住房城乡建设部等九部委发布《关于加快新型建筑工业化发展的若干意见》,以装配式建筑为代表的新型建筑工业化快速推进,建造水平和建筑品质明显提高。为全面贯彻新发展理念,推动城乡建设绿色发展和高质量发展,以新型建筑工业化带动建筑业全面转型升级,打造具有国际竞争力的"中国建造"品牌。

2022年1月,住房城乡建设部出台《"十四五"建筑业发展规划》,明确要加快建筑机器人研发和应用。积极推进建筑机器人在生产、施工、维保等环节的典型应用,重点推进与装配式建筑相配套的建筑机器人应用,辅助和替代"危、繁、脏、重"施工作业。

2022年10月,住房城乡建设部印发《关于公布智能建造试点城市的通知》,决定在重庆等24个城市开展智能建造试点,要求各试点城市制定实施方案,建立统筹协调机制,加大政策支持力度,明确试点任务措施。

2023年1月,工业和信息化部、财政部、住房城乡建设部等17部门联合印发《"机器人+"应用行动实施方案》,提出要研制测量、材料配送、钢筋加工、混凝土浇筑、楼面墙面装饰装修、构部件安装和焊接、机电安装等建筑机器人,结合区域发展特色,打造一批"机器人+"应用标杆企业和典型应用场景。

2)地方政策

当前阶段,由于数字化设备距离完全市场化还有一定差距,要真正实现智能建造仍任重道远。但国内外已对智能建造充满期待,香港科技大学李泽湘教授认为"智能建造是千年产业大变革的机遇与挑战",各省市正加速相关领域布局,迎接即将到来的智能建造发展黄金期。

2023 年 3 月，温州市出台《温州市智能建造试点城市实施方案》，明确到 2025 年年末，智能建造有关政策、工作机制与评价体系趋于完善，劳动生产率不断提升，环境保护成效得以显现，引领全省智能建造进入新阶段。

2023 年 3 月，广州市发布《广州市智能建造试点城市实施方案》，以期建立与智能建造相适应的制度体系、技术标准体系、管理体系，全市建筑工业化、数字化、智能化水平显著提高。

2023 年 3 月，长沙市发布《关于推动智能建造与新型建筑工业化协同绿色低碳高质量发展行动方案》，着力打造智能建造"产业舰队"，到 2025 年，全市基本形成 2000 亿级规模以上的智能建造产业，培育 4 个百亿级企业，实施 10 个十亿级项目；到 2030 年，智能建造产业产值力争突破 5000 亿元，成为在国内、国际具有核心竞争力的智能建造产业高地。

2023 年 3 月，北京市出台《北京市智能建造试点城市工作方案》，提出 8 类共 25 项重点任务，包括完善政策体系、培育智能建造产业、建设试点示范工程、创新管理机制、推动部品部件智能生产、推动技术研发和成果转化、推进智能建造标准化建设、培育专业人才等。

2023 年 4 月，武汉市发布《武汉市智能建造试点城市建设实施方案》，重点围绕数字化设计、智能化施工、工业化建造和智慧化运维建立智能建造产业生态，创新行业治理数字化新模式，形成可复制可推广的武汉经验。

2023 年 4 月，深圳市发布《深圳市智能建造试点城市建设工作方案》。通过智能建造试点城市建设，建立技术标准、项目建设、产业培育、管理创新、人才培养、政策支持"六大体系"，推动智能建造与建筑工业化协同发展，培育一批具有国内乃至国际领先水平的智能建造核心技术、具有自主创新能力和行业影响力的骨干企业，形成深圳特色的智能建造产业集群，智能建造发展整体水平居于国内领先地位，工程建设领域实现从建造、制造到智造的转变，成为全国智能建造试点城市典范。

2023 年 5 月，合肥市发布《合肥市智能建造试点城市建设实施方案》《合肥市 2023 年智能建造试点城市推进工作要点》等文件，从加强智能建造技术创新、完善智能建造产业布局、建立健全标准规范等 12 个方面明确智能建造试点城市建设内容。

2023 年 7 月，重庆市人民政府办公厅发布《重庆市智能建造试点城市建设实施方案》，明确 18 项试点任务和 5 大保障措施，提出打造全国智能建造高地的发展目标。同年 9 月，重庆市发布《重庆市智能建造试点项目评价指标（试行）》《重庆市建设领域建筑机器人与智能施工装备选用指南（2023 版）》等文件，进一步明确工程项目智能建造技术选用要求，加快智能建造发展。

2024 年 6 月，苏州市发布《苏州市 2024 年度智能建造推进工作要点》，按照"分类实施，重点突破"原则，针对智能建造装备、技术，优先在政府投资房建项目积极应用，引导社会投资房地产等项目开展应用，鼓励新建轨道交通项目、大型市政基础设施项目探索应用，促进项目工业化、数字化、智能化水平提升。

2 智能建造八大关键技术

2.1 BIM 技术

建筑信息模型（Building Information Modeling，BIM）的核心是通过建立虚拟的建筑工程三维模型，利用数字化技术为这个模型提供完整的、与实际情况一致的建筑工程信息库。该信息库不仅包含描述建筑物构件的几何信息、专业属性及状态信息，还包含了非构件对象（如空间、运动行为）的状态信息。借助这个包含建筑工程信息的三维模型，大幅提高了建筑工程的信息集成化程度，从而为建筑工程项目的相关利益方提供了一个工程信息交换和共享的平台。BIM 技术是智能建造的关键核心技术，应用于建设工程项目的设计、生产、施工、验收的全寿命周期。

国家"十三五"发展规划指出，全面提高建筑业信息化水平，着力增强 BIM、大数据、智能化、移动通信、云计算、物联网等信息技术集成应用能力，建筑业数字化、网络化、智能化取得突破性进展。建筑行业正在迈入"工业 4.0"时代，信息化与工业化迅速融合，而 BIM 技术的发展正引领整个建筑行业的信息化转型。

BIM 已经在建筑工程中占据了不可或缺的地位。其在设计、施工阶段已经应用得较为成熟，碰撞检测、性能化分析、施工进度模拟等功能已经为业主节省了资源，更为行业提高了效率。但 BIM 的应用潜力不止于此，BIM 的核心价值在于信息，以及信息的流转传递和全面应用。从业者正在积极发掘 BIM 更多的价值，使 BIM 更加深入地应用到建筑的全生命周期，为智慧建筑提供基础信息服务。

2.2 GIS 技术

GIS（Geographic Information System，地理信息系统）技术是多种学科交叉的产物，它以地理空间为基础，采用地理模型分析方法，实时提供多种空间的和动态的地理信息，是一种为地理研究和地理决策服务的计算机技术系统。其基本功能是将表格型数据（无论它来自数据库、电子表格文件还是直接在程序中输入）转换为地理图形显示，然后对显示结果做分析。其显示范围可以从洲际地图到非常详细的街区地图，现实对象包括人口、销售情况、运输线路以及其他内容。

工程项目前期勘察阶段，主要是 GIS 技术＋无人机＋BIM 技术，生成原始地形三维模型，并将原始地形数据和拟建项目场地数据（目标数据）进行实时比对和智能分析，从而得到最优的目标数据，并智能同步生成相应的场地模型。

运维阶段的数字孪生 CIM（城市信息模型）的关键技术为 GIS 技术和 BIM 技术，GIS 与 BIM 的集成实现了 GIS 应用领域的拓展与延伸，同时也提升 BIM 应用价值；采用 GIS 与 BIM 集成技术，实现了城市的彻底"数字化"，为智慧城市建设奠定了坚实的信息设施基础。

2.3　AR、VR、MR 技术

虚拟现实技术正在被用于智能建筑的设计、仿真、展示以及维护等多个应用场景中，成为智能建筑重要的支撑技术之一。广义的虚拟现实技术通常包含虚拟现实（Virtual Reality，VR）、增强现实（Augmented Reality，AR）以及混合现实（Mixed Reality，MR）。

VR 是一种能够创建和体验虚拟世界的仿真技术，它生成交互式的三维动态视景，使用户沉浸到该环境中，获取真实的虚拟体验。VR 综合了计算机图形、计算机仿真、传感器和显示等多种技术，在多维信息空间上创建一个虚拟信息环境，能使用户具有身临其境的沉浸感，具有与环境完善的交互作用能力。VR 的模拟环境是由计算机生成的、实时动态的、三维立体的逼真图像，除计算机图形技术所生成的视觉感知外，还可以有听觉、触觉、力觉、运动等，甚至还包括嗅觉和味觉，同时通过计算机对人的头部转动、眼睛、手势、或其他的人体行为动作进行识别，并对用户的输入实时响应，反馈到用户的五官。VR 技术是智慧建筑领域的一个重要的技术方向，常被用于建筑的设计、仿真、展示和漫游等业务中。

AR 是把原本在现实世界的一定时间空间范围内很难体验到的实体信息，通过模拟仿真后再叠加，将虚拟的信息应用到真实世界，被人类感官所感知，从而达到超越现实的感官体验。它不仅展现了真实世界的信息，而且将虚拟的信息同时显示出来，两种信息相互补充、叠加。在建筑领域，AR 技术可以将规划效果叠加真实环境中，用于协同设计和效果确认等业务场景。

MR 是 VR 技术的进一步发展，该技术通过在虚拟环境中引入现实场景信息，在虚拟世界、现实世界和用户之间搭起一条交互反馈的信息回路，以增强用户体验的真实感。MR 试图把 VR 和 AR 的优点集于一身，从理论上讲，混合现实可让用户看到现实世界（类似 AR），但同时又能呈现出可信的虚拟物体（类似 VR），它会把虚拟物体固定在真实空间当中，从而给人以真实感。然而在混合现实当中，体验者是可以感受到虚拟物体与现实世界之间的依存关系的。它也完全符合现实世界中的透视法则，走近看会变大，而离远之后会变小。MR 技术的特点，使得其在智慧建筑领域的应用远超 VR 技术，一个典型的应用是将 MR 与楼宇运维结合，尤其是隐蔽工程的检修查验等环节。

2.4　5G 技术

第五代移动通信（5th generation，5G）技术是最新一代蜂窝移动通信技术，也是继 2G（GSM）、3G（UMTS、LTE）和 4G（LTE-A、WiMax）系统之后的延伸。5G 的性能目标是高数据速率、减少延迟、节省能源、降低成本、提高系统容量和大规模设备连接。

5G 是构建智能建造的基础网络通信设施，凭借大带宽、大连接、低时延的网络特性，可通过 5G 网络对建造过程实现全方位、立体化的智能管理，结合边缘计算、AI（Artificial Intelligence，人工智能）技术、IoT（Internet of Things，物联网）技术、云计算等新技术应用，对高清网络电视、高清视频监控、远程医疗、自动驾驶、大规模物联网、工业自动化等行业具有非常重要的意义。

5G 技术是智能建造网络安全的保障，基于 5G 技术的网络安全总体架构分为安全管理保障、安全管理体系、安全技术体系、PKI/CA 信任体系、网络和信息监控平台五部分。安全技术体系包含了物理安全、网络安全、主机安全、数据安全、应用安全和虚拟化安全。安全管理体系包含安全策略体系、安全组织体系和安全运作体系，分别从组织架构、人员构成、系统建设、运维管理等方面对整个安全体系进行管理运维。PKI/CA 信任体系从公钥基础设施以及证书认证结构方面，对整个安全体系进行加密处理，保障网络信息交互安全。

5G 技术将促进智能建造在运维阶段的落地应用，从新型智慧城市的发展战略看，要注重城镇的治理、居民社会的发展、智慧产业的培育和传统产业的转型，注重特色小镇创新等关键领域的智慧智能。从建设路径看，要运用现代互联网、大数据、云计算、物联网、移动互联网、区块链、人工智能等新技术，加快城镇信息化进程，注重城市的空间布局和地理信息系统应用等，以此提升城镇综合竞争力，提升民众的便捷感、安全感、获得感、参与感和幸福感。

2.5 物联网技术

物联网（IoT）技术起源于传媒领域，是信息科技产业的第三次革命。物联网是指通过信息传感设备，按约定的协议，将任何物体与网络相连接，物体通过信息传播媒介进行信息交换和通信，以实现智能化识别、定位、跟踪、监管等功能。物联网技术主要包含感知层技术、传输层技术和应用层技术。物联网技术为智能建造中实现"人-机-物"三元融合一体提供重要的基础技术与新运行模式。

物联网的目的是能够将现实世界中的万"物"通过网络连接在一起，并将其数字化成云端的服务或者资源，通过整合各类服务资源实现智能化。因此，在物联网所构建的数字世界里，我们首先需要对"物"有一个清晰、统一的定义，用于描述"物"具体能做什么，能够提供什么样的服务和资源。物联网数据技术研究的主要目的是为了消除物联网数据属性的不同，解决设备数据互联互通的问题，主要研究方向包括设备模型、设备属性、数据单位以及数据映射方法等。

物联网在建筑行业的应用主要体现在施工现场作业要素的数据采集，物联网传感器正在以一种比以前想象的更经济、更高效的方式收集作业现场数据，并允许部署简单的低功耗传感器，能够经济有效地进行通信，物联网使每个利益相关者能够实时了解从规划到实际施工、施工后各个阶段的情况，以及在服务期间建筑物是如何运行的，从而提高生产率、安全性、工艺改进和新工具。

2.6　云计算技术

云计算（Cloud Computing，CC）技术是分布式计算的一种，指的是通过网络"云"将巨大的数据计算处理程序分解成无数个小程序，然后，通过多部服务器组成的系统处理和分析这些小程序得到结果并返回给用户。云计算技术具有如下优势与特点：

（1）虚拟化技术。

必须强调的是，虚拟化技术突破了时间、空间的界限，是云计算技术最为显著的特点，虚拟化技术包括应用虚拟和资源虚拟两种。众所周知，物理平台与应用部署的环境在空间上是没有任何联系的，正是通过虚拟平台对相应终端操作完成数据备份、迁移和扩展等。

（2）动态可扩展。

云计算技术具有高效的运算能力，在原有服务器基础上增加"云计算"功能能够使计算速度迅速提高，最终实现动态扩展虚拟化的层次达到对应用进行扩展的目的。

（3）按需部署。

计算机包含了许多应用、程序软件等，不同的应用对应的数据资源库不同，所以用户运行不同的应用需要较强的计算能力对资源进行部署，而"云计算"平台能够根据用户的需求快速配备计算能力及资源。

（4）灵活性高。

目前市场上大多数 IT 资源、软件、硬件都支持虚拟化，比如存储网络、操作系统和开发软件、硬件等。虚拟化要素统一放在"云系统"资源虚拟池当中进行管理，可见云计算技术的兼容性非常强，不仅可以兼容配置低的机器、不同厂商的硬件产品，还能够兼容外设获得更高性能计算。

（5）可靠性高。

倘若服务器出现故障也不影响计算与应用的正常运行。因为单点服务器出现故障可以通过虚拟化技术将分布在不同物理服务器上面的应用进行恢复或利用动态扩展功能部署新的服务器进行计算。

（6）性价比高。

将资源放在虚拟资源池中进行统一管理在一定程度上优化了物理资源，用户不再需要昂贵、存储空间大的主机，可以选择相对廉价的 PC 组成云，一方面减少费用，另一方面计算性能不逊于大型主机。

（7）可扩展性。

可以利用计算机云计算技术具有的动态扩展功能来对其他服务器开展有效扩展。这样一来就能够确保任务得以有序完成。在对虚拟化的资源进行动态扩展的情况下，同时能够高效扩展应用，提高计算机云计算技术的操作水平。

云计算在建筑业的典型应用：云计算与智能终端协调配合，形成"端＋云＋端"的运作部署，推动建筑业商业模式的创新；云平台为客户的产品需求和企业的资源搭建了沟通桥梁，形成"端＋云＋端"的运作部署；企业可以通过客户端与云平台的双向沟通开展面向客户个性化需求的施工设计，并通过云平台将产品的施工状况和施工进度及时反馈给客户，实现产品全生命周期的用户参与；云平台的应用提高了建筑企业面向直接用户的沟通和交付能力，实现商业模式创新的同时，更提高了企业的工作效率。

2.7 人工智能技术

人工智能（AI）技术是研究如何应用计算机的软硬件来模拟人类某些智能行为的基本理论、方法和技术，也就是研究如何让计算机去完成以往需要人的智力才能胜任的工作。

人工智能技术在建造领域的潜在应用是广泛的，20 世纪 60 年代以来，人们就将智能算法应用于建筑设计领域以优化控件布局。随着新一代信息技术的浪潮，越来越多的人工智能应用出现在规划设计、工程管理、现场施工、运行维护等工程建造全过程中。

目前人工智能技术在行业的典型应用包括：（1）智能设计云平台，将设计算法、机器学习、大数据和云端引擎等技术，融入简单易用的云操作界面中，提供基地评估、智能设计、智能 PPT 等功能，辅助设计师更加高效地完成分析、规划和建筑前期设计工作，大幅缩减工作周期；（2）项目施工过程精准测算和决策辅助，利用物联网采集施工过程的作业要素的数据，通过人工智能算法对进度、成本、空间、人力、设备和材料等主要施工因素进行分析，使用智能仿真技术分配资源，确定工序，并可根据不可预见情况调整进度，从而寻找最优施工方案，提供辅助决策参考。（3）智能建筑运维，结合智能软硬件技术和物联网技术，实现入侵检测、光照调配、机器人巡检等功能，提升用户的居住体验和幸福感。（4）建筑机器人，将机器人技术和建筑工业进行交叉融合而产生的一个新领域，其应用范围涉及建筑物生命周期的各个阶段，旨在通过机器替代或协助人类的方式，达到改善建筑业工作环境、提高工作效率、降低安全风险的目的，最终实现建造过程的完全自主化、智能化。

2.8 大数据技术

大数据（Big Data）指无法在一定时间范围内用常规软件工具进行捕捉、管理和处理的数据集合，是需要新处理模式才能具有更强的决策力、洞察发现力和流程优化能力的海量、高增长率和多样化的信息资产。大数据技术的战略意义不在于掌握庞大的数据信息，而在于对这些含有意义的数据进行专业化处理。换而言之，如果把大数据比作一种产业，那么这种产业实现盈利的关键，在于提高对数据的"加工能力"，通过"加工"实现数据的"增值"。大数据技术具有以下五个主要特征：

（1）数据的规模性，即数据量非常巨大，而且数据总量将呈现指数型的爆炸式增长。

（2）数据的多类型性，即数据类型繁多，不仅包括结构化数据，可以使用关系型数据库来表示和存储的数据，还包括半结构化数据及非结构化数据，比如文本、图像、声音、视频等信息。

（3）数据分析的快速性，即利用云计算技术的能力，处理数据的速度越来越快，具有很高的时效性。

（4）数据分析的潜在性，即从大数据的表面数据进行分析，进而得到大数据背后重要的有价值信息，最后可以精准地理解数据背后所隐藏的现实意义。

（5）数据分析的预测性，即通过对一系列大数据进行分析，联系不同类型的大数据之间的关系，能够有效地对事件趋势进行预测，以便管理者做出决策。

建筑行业是我国的支柱产业，建筑全生命周期内会产生海量数据。现阶段建筑企业还缺乏对信息化的有效应用，无法通过传统方法管理海量工程数据，从而实现精细化管理。管理的支撑是数据，项目管理的基础就是工程基础数据的管理，及时、准确地获取相关工程数据就是项目管理的核心竞争力。建筑行业大数据应用和 BIM 普及的核心，是基于企业核心数据的积累、存储和管理。

3 智能建造四大应用场景

3.1 智能建造在建设全过程的应用

项目全过程智能化应用是智能化技术的项目级应用，是智能建造技术体系的核心内容，内容涵盖工程项目的建设全过程：数字化设计、工业化生产、智能化施工、信息化管理。具体作用体现在以下三个方面：一是通过智能化关键技术和工程建造技术的深度融合，实现设计、生产、施工、管理的项目全过程数字化、网络化和智能化的新型建造方式；二是为行业主管部门提供有效的监管数据，实现成果数字化交付、审查及存档，以信用为基础、新一代信息技术为支撑的全过程智能监管体系；三是为市场主导的互联网平台提供数据来源，形成面向行业服务的第三方平台基础数据。

3.2 数字化设计

3.2.1 概述

随着"十四五"规划的全面推进，数字化转型已成为企业发展的首要任务。国家出台了一系列政策和措施，鼓励和支持企业加快数字化转型步伐，以应对全球经济环境的变化和科技进步带来的挑战。设计是建筑工程的源头，智能设计可为后续的智能施工、智慧运维等提供充足的数据信息。因此，智能设计是建筑行业数字化转型的重要组成部分，对建筑行业数字化转型起关键性作用。

3.2.1.1 概念解析

智能建筑设计是在建筑设计过程中，通过集成技术的应用，将智能化技术、信息技术、自动控制技术等与建筑设计深度融合，以实现建筑功能、环境、服务的最优化组合，为人们提供一个安全、高效、舒适、便利的居住环境或工作环境。这一设计理念强调建筑与人、环境的和谐共生，以及建筑内部各系统之间的协同工作。

智能设计源自"数字化转型"。数字化转型是指利用新一代信息技术，构建数据的采集、传输、存储、处理和反馈的闭环，打通不同层级与不同行业间的数据壁垒，提高行业整体的运行效率。构建全新的数字经济体系是数字化转型的基本内涵。因此，"智能设计"又可称为"数字化设计"，一般是指利用先进的数字技术和工具，如计算机辅助设计软件、建筑信息模型（BIM）、虚拟现实（VR）和增强现实（AR）、人工智能等，开展数字化、信息化、智能化的建筑设计方法。目前的智能设计功能主要涵盖建筑设计、模拟、分析计算、仿真和展示，通过设计师操作可以实现从概念设计到详细设计、再到施工和运营管理的全流程数字化，是打通建筑全产业链数据壁垒的主要途径。

智能设计与传统设计的对比见表 3-1。

表 3-1　智能设计与传统设计的对比

对比	传统设计	智能设计
可视化	1. 设计师用二维图纸表达设计意图； 2. 设计通过线条和图例来表达； 3. 设计成果以二维图纸为主，图纸对真实的设计想法表现具有局限性	1. 设计师用三维模型表达设计意图； 2. 设计通过三维信息构件来表达； 3. 设计成果为三维信息模型，即满足"可见即可得"的直观设计思路
协同性	1. 传统设计因各专业图纸相对独立，专业协同具有延迟性； 2. 传统设计在信息传递过程中，因二维表达的局限性，会存在信息的错误和偏差； 3. 传统设计没有统一的平台化管理手段，无法保证原始信息在建筑生命全周期中的有效传递	1. 统一的建筑信息模型和中心文件设计模式，可确保各专业间在正向协同设计时，及时发现并解决设计问题； 2. 统一的建筑信息模型把各环节的数据统一规整，并按照标准化和流程化传递，从而保证数据的准确性和及时性； 3. 各个项目参与单位都基于一个平台和模型进行工作及管理，减少了数据传输流程，从而实现高效协同
模拟性	传统设计不具备 4D 模拟能力，无法预判设计后续工作中的问题。从而极大地增加了项目成本	通过智能设计模拟，参建方可以对施工及运维等局部重要环节进行评估，解决或减少在后续建造过程中可能出现的遗漏和错误
参数化	传统设计的图块是相对独立的，受二维制图本身的约束，传统设计图块所含的参变信息，一般是少量的几何信息，无法满足 BIM 信息的要求	建筑信息模型中的全部构件信息均来自相关参数，参数间存在一定的相关性，构件通过参数化组成一个有序的建筑模型。参数化是智能设计的基础，也是提高设计效率的关键
出图性	传统设计是以各个专业的图纸为核心的，往往专业间存在较多的设计通病	智能设计以模型为核心，模型是经过各个专业优化协同设计后形成的成果，图纸是模型的二维表达，因此，智能设计的成果更丰富，图纸的质量更高

首先，智能设计还处在不断发展和完善的过程中。二维设计与高速的城市开发建设共同经历二十多年发展，已经形成了较为完善的工作流程和体系。然而二维设计面临的痛点也逐渐暴露。在 BIM 技术的发展和推广中，往往寄希望于 BIM 作为"灵丹妙药"来解决二维设计中的所有痛点，这样的想法是片面的。目前建筑行业 BIM 技术的发展阶段仍处于 BIM 技术和专业技术相融合的过程之中。

其次，智能设计目前的主要优势是提升成果质量，而不是"一键出图"。在智能设计的初期阶段，由于人机交互的设计逻辑发生转变，设计师对智能设计软件的应用不够熟练等综合性因素，会导致设计师的工作量在一定程度上增加。但这只是暂时的，当进入智能设计的后期阶段，大多数重复的工作将由计算机完成，届时，设计师的工作量会明显降低。智能设计的首要目标不是提高绘图效率，而是实现更高质量的数字孪生设计。因此，在初期阶段，认为智能设计效率高于二维设计是不可取的。

3.2.1.2　发展趋势

随着科技的不断发展，建筑的智能设计也在不断演进。未来，建筑的智能设计将更加注重人机交互和用户体验，通过更加智能化的系统和设施，为人们提供更加个性化、便捷化的服务。

智能设计和建筑行业目前广泛运用的平面绘图方式在应用逻辑上差别很大。与利用计算机工具进行绘图不同，智能设计的最终目标是建立一个"建筑信息化模型"，并基于"建筑信息化模型"中的构件所携带的信息完成设计模拟、计算、仿真等工作，实现建筑设计数字孪生。因此智能设计转型不会一蹴而就，必将经历逐步推动的过程。建筑智能设计发展的四个阶段如图 3-1 所示。

图 3-1　建筑智能设计发展的四个阶段

目前建筑智能设计仍然处于技术应用的初期阶段，即在传统设计图纸完成后，利用 BIM 技术搭建建筑信息模型，对各专业的设计内容进行碰撞检查、优化设计，在积极推广 BIM 技术应用的同时，能有效提高设计质量。目前大多数企业对建筑信息模型的信息利用多停留在几何信息上。此阶段对设计企业的提升主要是设计质量提升，无法产生额外的经济效益。

跨越初期阶段的标志是各专业设计师可以自主使用 BIM 软件开展设计，完成"建筑信息化模型"，并可以从模型中导出满足施工图深度和要求的图纸，即目前处于行业前沿的"BIM 正向设计"。该阶段对 BIM 技术应用深度和 BIM 标准体系有较高的要求，若依靠设计师个体，几乎无法完成。需由企业或行业制定完善的标准体系，提供完善的设计工具和工作流程，再加上适当的 BIM 设计技术培训方可实现。开启 BIM 技术深度应用是智能设计转型的重要门槛，对企业和设计从业人员要求均较高。目前业内大型企业均在持续探索中。该阶段的技术应用也是后续章节中重点介绍的内容。

进一步完善设计模型的信息，制定建筑信息模型中各构件的信息标准、信息传递标准等，并利用数字技术开展基于构件信息的设计计算、校审、模拟等是当前智能设计的主要应用发展方向。这种基于信息的计算、校审、模拟等工作必须在满足"BIM 正向设计"的基础上进行，否则无法形成体系化的信息利用，也无法形成信息标准。这是 BIM 技术深度应用和设计从业人员数字化能力普遍提高的结果。在此阶段，设计团队需要增加"程序员岗位"，可以基于构件信息定制个性化应用，满足设计团队提质增效和业主个性化需求。

随着 BIM 技术在行业内的不断普及，各企业将涌现基于 BIM 信息运用的自研软件，在此基础上，结合建筑工程设计流程，建立一套完善的智能设计流程，并配套支持整个流程的自研设计软件，将是企业智能设计转型的重中之重。届时，企业的核心竞争力将由经验变成算法。

综上所述，智能设计是数字孪生的重要组成部分。目前行业内的 BIM 技术应用基本停留在初期阶段（建模阶段），对人员要求提高、工作量略有增加、效率略有降低，这使得智能设计推广困难重重。但企业要从长远发展趋势出发，理性地看待智能设计的发展，积极开展建筑工程全生命周期的设计咨询服务工作。如何结合市场和企业现状跨入下一个阶段是各企业转型工作的重点。行业内各企业应该本着开源共享的原则开展工作，集中资源解决核心问题，切勿重复投入，浪费资源。

结合建筑行业智能设计发展现状与未来趋势，本文后续章节的论述重点将聚焦目前行业面临的技术难点，即 BIM 正向设计中的相关技术问题展开。

3.2.1.3　应用优势

智能设计与二维设计有本质的区别，主要体现在交付成果的信息量、专业协同能力、设计成果标准化以及预判问题的能力上。

首先是智能交付的成果信息量更大，图纸是数字化的中间成果，当设计模型发生变化时，可再一次导出图纸。而在二维设计中，图纸是设计的最终成果。而智能设计的最终成果是"建筑信息化模型"，虽然可以导出图纸满足现有的二维图纸工作流程，但其主要目标是让构件携带信息，为后继的数字孪生计算、仿真提供条件。

其次是智能设计促进各专业协同能力加强，二维设计和智能设计都可以完成，但在提高设计的质量和精细度方面，两种模式有着明显的区别。二维设计中为了提高设计质量，除了专业内的设计合理、合规外，经常会要求多专业紧密配合，加强沟通，反复叠图，力求各专业设计成果统一。现阶段企业的二维协同软件也基本上服务于这个过程。在智能设计中，多专业、多人员协同设计是软件必备功能，各专业可以直观地看到其他专业的设计内容，并做相应的协调，在提高设计的质量和精细度上有明显的优势。

再次是智能设计更有利于企业构建标准化设计流程和标准化设计成果。二维设计是设计师将脑海中的设计内容体现在图纸上的过程，智能设计是设计师根据需要搭建设计模型并给模型构件赋予信息的过程。前者的设计成果受设计师的个人能力影响，后者不会。

最后是智能设计的过程也是建造模拟的过程，在设计模型中基本可以预测建造问题，并提前解决，这是智能建造的核心思想。而二维设计更偏向于理论设计，建造中是否会遇到问题要等施工时才能发现。

3.2.2　设计标准

建筑设计行业目前普遍采用的二维设计在长期的工作中已形成了一套完善的标准体系——"制图标准"，标准中规定了各专业图纸表达的要求。各企业也根据自身的业务特点，在"制图标准"的基础上制定了更为详细的设计标准，规定了各专业图纸的图层、线型、字高、字宽等详细设置，力求设计成果的美观，形成设计标准化。

结合国家标准建立企业的智能设计标准体系是建筑企业探索"BIM 正向设计"的首要任务。为保障以模拟建造为出发点的智能设计模型的质量，构件是否标准、信息是否完善起到关键作用。构件是设计标准体系中的最小组成单元，在不同的软件中称呼或有不同，如族、单元、对象等。

3.2.2.1　构件信息

构件具备的基本信息通常包括几何信息、图面信息和设计信息。

几何信息是指构件的常规尺寸信息，需遵循国家标准或厂家样本制作，确保尺寸信息真实有效。

图面信息是构件在三维中呈现的三维真实效果。在平面图、剖面图中需呈现出工程制图标准要求的效果，尤其是机电专业，阀门、阀件的图例应符合制图标准或通用制图要求，同时要满足不同专业的表达要求。设计企业根据自身业务特点形成构件集合而成的构件库。

设计信息是"建筑信息化模型"的核心。设计师在设计模型的同时添加信息难度较大，而在制作标准构件时添加信息可以简化设计过程，设计师设计模型时添加标准构件就完成了信息录入，三维模型便携带了能够被后续工作识别的数据信息。

相关示例如图 3-2、图 3-3、表 3-2 所示。

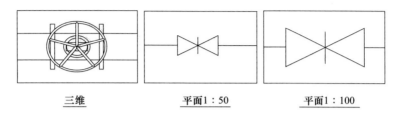

三维　　　　　　　　平面1：50　　　　　　　平面1：100

图 3-2　明杆闸阀（Revit）图面信息示例

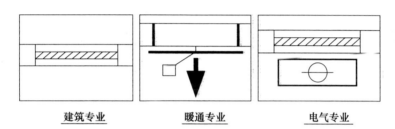

建筑专业　　　　　　暖通专业　　　　　　电气专业

图 3-3　正压送风口（Revit）图面信息示例

表 3-2　窗构件信息表（Revit）示例

参数	值	用户可调
高度	1800	是
宽度	2200	是
窗高度	1750	否
窗宽度	2150	否
墙厚	200	否
默认窗台高度	600	是
塞缝	25	选择
铝模	0	选择
钢模	1	选择
型材系列号	65	是
窗转换框型材每米型材质量	1.179	是
窗框每米型材质量	1.269	是
窗扇型材每米型材质量	1.748	是
窗压条型材每米型材质量	0.248	是
窗中梃每米型材质量	1.385	是

参数	值	用户可调
窗扇型材宽度	70	是
窗扇扣减尺寸	137.1	是
执手高	900	否
说明	SX65 系列断桥铝合金型材	否
类型注释	C2218	否
玻璃种类	6 中透光 Low-e＋12Ar＋6 透明	否
五金配件	执手、传动杆、锁点、 锁座、滑撑（平开）、提升块	否
开启类型	外平开窗	否
窗扇通风面积	1.30919282	否
窗型材总用量	46.379543	否

表 3-2 中，根据参数化设置，当用户修改窗尺寸时，相应的面积、材料用量会自定参变，设计师可调的参数，如执手高、型材等，可通过 BIM 软件功能批量赋值，大幅减少设计师录入信息的时间和难度。

3.2.2.2　模板文件

模板文件在二维设计中已经普遍使用，标准模板中需规定标准图块、颜色、图层、线型、线宽、字高、打印样式等，以确保设计标准化。各设计企业应建立自己的图纸标准。各专业的图纸标准在线宽、线型、颜色等设置上应保持统一。导出的施工图也需要标准模板，通过载入标准构件规定颜色、图层、线型、线宽、字高、模型显示等。

3.2.2.3　工作方法

智能设计和二维设计在设计方法上有着很大的区别，企业需要探索一套"智能设计工作管理办法"，用于规范设计、审核、项目管理等工作。同时，针对不同的项目类型，需探索一套"智能设计工作指南"，用于规范设计行为，确保成果的标准化，如标准维护工作流程、提资流程及留痕、协同设计方法、专业设计指南、模型深度要求、图纸表达要求等。

企业还应根据自身业务特点，结合国家及地方信息标准，建立智能设计需要的信息标准，并在标准构件及模板文件中植入信息标准。信息标准属于标准体系建立工作，不属于设计工作范畴，通常由企业研发管理部门统一制定。现有国家及地方标准见表 3-3。

表 3-3　现有国家及地方标准

国家规范	《建筑信息模型应用统一标准》GB/T 51212—2016
	《建筑信息模型施工应用标准》GB/T 51235—2017
	《建筑信息模型分类和编码标准》GB/T 51269—2017
	《建筑信息模型设计交付标准》GB/T 51301—2018
	《建筑工程设计信息模型制图标准》JGJ/T 448—2018
	《建筑信息模型存储标准》GB/T 51447—2021

续表

重庆市地方标准	《重庆市既有居住建筑信息化改造规范》DB50/T 822—2017
	《重庆市建筑工程信息模型设计标准》DBJ50/T 280—2018
	《重庆市建筑工程信息模型设计交付标准》DBJ50/T 281—2018
	《重庆市市政工程信息模型设计标准》DBJ50/T 282—2018
	《重庆市市政工程信息模型交付标准》DBJ50/T 283—2018

3.2.3 构件库构成

数字化设计是以三维模型构件为基础进行设计。标准的数字化设计离不开标准的建筑信息模型构件，现如今市面上建筑信息模型构件种类繁多，缺乏统一的管理，没有统一的标准进行约束，构件的质量参差不齐，构件附着的信息也不尽相同，无法在标准的数字化设计中使用。搭建统一的标准化构件库，不仅可以为数字化设计提供便利，完整准确的构件信息也可为后续的数字城建等应用提供支撑。

一个完整的建筑信息模型构件主要由模型、材质及性能参数三部分元素组成，模型元素与材质元素相互关联，并各自附带对应的性能参数元素，包括各类建筑材料的几何信息（如长、宽、高等）和设计相关的性能参数（如材料热工指标、隔声性能、环保要求、碳排放指标等）。此外，建筑信息模型构件中的性能参数应符合国家和地方现行有关标准的规定值，且应为不能被用户修改的只读参数，保证构件参数的准确性。

为保证构件信息的准确性与完整性，构件库的搭建采取数模分离的模式，将所有性能参数等标准数据存储在一个中心平台，设计师使用时从平台调取；并针对构件的创建制定详细的标准，从模型元素、材质元素的分类、命名、编码、细度等方面进行统一。

3.2.3.1 模型元素

模型元素的体系按照《建筑信息模型分类和编码标准》GB/T 51269—2017中的建筑元素分类划分为建筑（14-10.00.00）、结构（14-20.00.00）、供热通风与空调（14-30.00.00）、给水排水（14-40.00.00）、电气（14-50.00.00）5个专业类别；各专业建筑元素的分类与《建筑信息模型分类和编码标准》GB/T 51269—2017中的建筑产品分类相对应。模型元素分类体系和文件架构应与材质元素、性能参数元素保持关联。

模型元素的命名应由建筑产品、产品类型及关键参数等字段组成，其间以下画线"_"隔开。必要时，字段内部的词组宜以连字符"-"隔开。模型元素的名称需进一步区分的，应在扩展描述字段体现。命名示例详见表3-4。

表3-4 模型命名规则示例

建筑产品_产品类型_关键参数_（扩展描述）	
建筑材料类别	示例
墙材	蒸压加气混凝土板_A3.5_200
门窗	铝合金门窗_PLC50-51_1200X1800
装配式部品部件	预制混凝土楼板_DBD67_130

每一类模型元素均有模型编码作为入库的ID用以辨识，模型编码由"分类编码＋

产品类型码"组成，分类编码按《建筑信息模型分类和编码标准》GB/T 51269—2017
制定。标准中未定义的材料类型编码，在细类代码中自定义添加，自定义细类代码在
10～99 取值（宜按 10，15，20，…，80，85，90 取值）。产品类型码由具体入库建筑
材料产品自定义确定。模型编码示例详见表 3-5。

表 3-5　模型编码示例

建筑材料示例	模型编码
混凝土板	14-20.20.03＋30-01.10.30＋DBD67
预制混凝土楼板	
桁架钢筋混凝土叠合板	示例：14-20.20.03＋30-01.10.30＋DBD67

建筑材料入库的构件模型精细度原则上需满足设计需求，其平、立、剖面视图的表达
方式均应满足施工图深度表达要求。构件模型精细度可分为设计模型、深化模型及全生命
周期模型三个精度。在工程项目实际应用中，用户可根据需求，自行提高精度等级。

装配式构件模型除应满足上述的规定外，还应增加集成关联等方面的内容，应体现
专业集成设计因素，表达建筑材料构件之间的连接或组装关系。模型单元的空间定位、
空间占位应符合模数和模数协调的有关要求。在组装的整体模型中不应引起建筑材料构
件间的冲突。

此外，模型元素的颜色参照《建筑工程设计信息模型制图标准》JGJ/T 448—2018
相关规定执行。

3.2.3.2　材质元素

材质元素参照《建筑信息模型分类和编码标准》GB/T 51269—2017 中的建筑产品分
类划分为混凝土（30-01.00.00）、砌体（30-02.00.00）、金属（30-03.00.00）、木结构
（30-04.00.00）、保温隔热（30-10.00.00）、防水、防潮及密封（30-11.00.00）、门窗及幕
墙（30-13.00.00）、室内外装修（30-15.00.00）、专用建筑制品（30-16.00.00）、给
水、热水（30-31.00.00）、建筑排水（30-32.00.00）、通风（30-43.00.00）、输配电
器材(30-53.00.00)等类别，标准中未定义的材质编码，在细类代码中自定义添加，自
定义细类代码在 10～99 取值（宜按 10，15，20，…，80，85，90 取值）。材质元素应
包含材质性能参数并与模型元素相关联。

材质元素的命名由材质分类的最末一级细类名称确定。材质命名规则示例见表 3-6。

表 3-6　材质命名规则示例

材质细类名称最末一级	
材质类别	示例
砌体	厚壁型烧结页岩空心砌块砌体
防水、防潮及密封	弹性改性沥青防水卷材
给水、热水	硬聚氯乙烯（PVC-U）管
通风	镀锌钢板风管
输配电器材	聚氯乙烯绝缘屏蔽线

材质元素应独立编码，编码方式宜与《建筑信息模型分类和编码标准》GB/T

51269—2017 中对应的建筑产品编码一致。材质编码示例详见表 3-7。

表 3-7 材质编码示例

材质示例	材质编码
砌体 砖 烧结砖 厚壁型烧结页岩空心砌块砌体	30-02.10.10.35

材质元素应包含性能参数、图形及外观等基本信息。此外还应包含颜色、表面填充图案与截面填充图案，满足各阶段正向出图的表达深度需求。材质填充图案宜参照《房屋建筑制图统一标准》GB/T 50001—2017 中 9.2 节常用建筑材料图例中已有的材料图例绘制。同时材质元素的外观应体现建筑材料的真实质感与色彩。

3.2.3.3 性能参数

建筑材料构件信息模型的几何信息与材料性能参数等数据应进行分离构建和管理，相互关联又相互独立，便于后期数据维护和更新。

模型性能参数应包含绿色建筑相关的性能参数，模型关联材质中已附带的材质性能参数不在模型性能参数中重复表达，材质性能参数中未附带的性能参数由模型参数补充。绿色建筑相关的性能参数按照模型元素分类进行归类明确，模型绿色建筑相关的性能参数示例见表 3-8。

表 3-8 透明门窗及幕墙模型性能参数示例

模型性能参数名称	参数值示例
耐火完整性	0.5h
气密性能等级	6 级
水密性能等级	4 级
抗风压性能等级	2 级
传热系数 K	$\leqslant 1.44\text{W}/(\text{m}^2 \cdot \text{K})$
太阳得热系数	$\leqslant 0.45$
隔声性能等级	3 级

材质性能参数应包含材料热工指标、隔声性能、环保要求、碳排放指标等建筑节能、绿色建筑相关的性能指标。性能参数分类宜参照《建筑信息模型分类和编码标准》GB/T 51269—2017 属性类别中性能特征（41-06.00.00）的细类划分。绿色建筑相关的性能指标按照材质元素分类进行归类明确，材质性能参数示例见表 3-9。

表 3-9 保温隔热材料材质性能参数示例

材质性能参数名称	参数值示例
干密度	$180\text{kg}/\text{m}^3$
导热系数	$0.055\text{W}/(\text{m}^2 \cdot \text{K})$
蓄热系数	$0.90\text{W}/(\text{m}^2 \cdot \text{K})$

续表

材质性能参数名称	参数值示例
修正系数（热工修正）	1.20
燃烧性能	A 级
隔声性能	30dB
绿色建材等级	二星级
碳排放因子	$204kgCO_2e/m^3$

建筑材料构件信息模型性能参数细度应满足各阶段应用需求，性能参数细度示例详见表 3-10～表 3-12（以室外门窗模型为例）。

表 3-10　设计模型性能参数示例（必须包含的参数）

材质性能参数名称	参数值示例
编号	TLM3024
宽度	3000mm
高度	2400mm
型材系列	隔热铝合金型材多腔密封
玻璃种类	6 中透光 Low-E＋12Ar＋6 透明
开启类型	推拉
通风面积	$1.42m^2$
耐火完整性	0.5h
可见光透射比	≥0.62
可见光反射比	≥0.62
太阳得热系数	≤0.45
传热系数 K	≤1.44W/(m²·K)
抗风压性能等级	2 级
气密性能等级	6 级
水密性能等级	4 级
保温性能等级	2 级
遮阳性能等级	3 级
隔声性能等级	3 级
采光性能等级	3 级
反复启闭性能等级	1 级
启闭力	单支承重单叉滑撑的启闭力≤20N；单支承重双叉滑撑的启闭力≤30N

表 3-11　深化模型性能参数示例（在包含 1 阶段信息后，还必须包含的参数）

材质性能参数名称	参数值示例
型材壁厚	2.0mm

续表

材质性能参数名称	参数值示例
塞缝宽度	25mm
执手高度	1.5m
通风器截面宽度	78mm

表 3-12 全生命周期模型性能参数示例（在包含 1、2 阶段信息后，还必须包含的参数）

材质性能参数名称	参数值示例
窗扇型材用量	4.530kg
窗框型材用量	4.530kg
窗压条型材用量	4.530kg
竖梃型材用量	4.530kg
玻璃（种类1）面积	2.5m^2
玻璃（种类…）面积	2.5m^2

最后，为满足工程项目实际应用需求，在模型及材质性能参数中应预留参数接口，可由设计、制造、施工、运维等各方根据需求自定义添加。

3.2.4 智能设计软件

在二维设计中，由于 AutoDesk 公司的 DWG 格式被广泛认可，成为行业中最常见的文件格式之一，其他绘图软件均兼容这一格式，因此软件选择难度低。

BIM 文件的标准格式 IFC 是一个中立的文件格式，它不是某一款 BIM 软件的默认格式。这也意味着选择一款 BIM 软件后，设计模型在其他 BIM 软件中只能以中间格式显示和查看信息，并不能对模型进行修改。因此，各企业应结合自身业务特点选择 BIM 应用软件，以下是软件选择的几个要素。

选择运用 BIM 软件进行智能设计，首先能够满足在三维空间建立各专业模型并可根据用户需要生成相应平面、立面、剖面视图等；其次建筑信息模型中的构件必须能携带信息，并且可由用户自由添加信息，这是数字孪生中计算、仿真的前提条件；再次是支持构件完整（实际项目中的完整度可以根据项目需求确定），构件是信息的载体，若构件不完整，则信息必然缺失，影响后继的信息运用；最后 BIM 软件需要具备多专业、多人员协同设计功能。

智能设计所包括的软件非常多，据不完全统计大概有 70 款以上，因为 BIM 所涉及的范围非常之广，有建筑、结构、水暖电、能耗、仿真、GIS、VR、AR 等，涵盖设计各个阶段，各有优势和不足。国外主要 BIM 平台及软件见表 3-13。

表 3-13 国外主要 BIM 平台及软件

软件平台	主要产品	产品特点
Autodesk	Revit	目前最主流的 BIM 软件，其结合了建筑专业的 Architecture、结构专业的 Structure、机电专业的 MEP 的全部功能，并贯穿于建筑设计的各个阶段，具有强大的参数化建模、协同化工作、数字化分析的能力

续表

软件平台	主要产品	产品特点
Autodesk	CAD	目前国内最主流的二维绘图、详图设计的 BIM 辅助软件
	Civil3D	一款面向基础设施管理，且广泛适用于土地开发、勘察测绘、岩土分析、土石方计算等领域的 BIM 软件
	Infraworks	一款适用于场地设施规划，市政路桥设计且广泛应用于交通运输、水利水电、城市建造等领域的 BIM 软件
	Navisworks	一款在建筑信息模型的基础上，用于数据分析、模型仿真、信息交流、动态模拟的 BIM 分析软件
	3dsMax	一款在建筑信息模型的基础上，用于后期漫游、项目渲染、动画制作、工艺模拟的三维后期处理软件
Bentley	MicroStation	一款集二维制图、三维建模于一体的基础软件，具有照片级的渲染功能和专业级的动画制作功能，是 Bentley 软件产品的开发基础，MicroStation 的第三方软件超过 1000 种，其领域覆盖了土木、建筑、交通、结构、机电、管线、图纸管理、地理信息系统等多方面
	ABD（AECOsim Building Designer）	Bentley 公司在 MicroStation 基础上二次开发和优化而成的软件系列，包括建筑应用、结构分析、机电管综、能量模拟等具有不同功能的软件模块，其主要应用于建筑工程各个子专业的基础建模
	ProjectWise	一款基于三维模型的功能强大的协同管理平台软件，它把项目周期中各个参与方集成在一个统一的工作平台上，改变了传统的分散的交流模式，实现信息的集中存储与访问，从而缩短项目的周期时间，增强了信息的准确性和及时性，提高了各参与方协同工作的效率
	Navigator	一款可视化的 BIM 设计模型检验及分析协同工作软件，可对建筑信息模型进行三维浏览、信息查询、导航标注等操作。该软件能够通过碰撞检测，优化各专业的设计方案；通过虚拟施工，发现设计中的潜在问题；通过进度仿真，深入了解项目执行情况等
Graphisoft	ArchiCAD	一款最早的三维一体化的建筑设计软件，具备完美的建筑表达效果，最大的优点是建模的轻便性、出图的灵活性和软件的拓展性
Dassult	CATIA	一套具有完备的设计能力和很大的专业覆盖面的集成软件包，在航天、汽车制造方面具有垄断地位，无论是对复杂形体还是超大规模建筑，其建模能力、表现能力和信息管理能力都比传统的建筑类软件有明显优势，Digital Project 是 Gery Technology 公司在 CATIA 基础上开发的一个面向工程建造行业的应用软件

国外其他公司的 BIM 平台及软件还有以建筑为主的 Rhino（犀牛）、SketchUp；以结构为主的 Tekla；以机电为主的 Rebro（莱辅络）；以运维为主的 ArchiBUS；以构件深化为主的 PLANBAR；以性能分析为主的 IES、Ecotect；以渲染漫游为主的 Enscape软件、Lumion 软件、Twinmotion 软件、Fuzor 软件等。国内主要 BIM 平台及软件，除了 Autodesk、Bentley、Graphisoft、Dassult，还有 PKPM、Glodon，见表 3-14。

表 3-14 PKPM、Glodon 平台

软件平台	主要产品	产品特点
PKPM	BIMBase	BIMBase 是一款由北京构力科技有限公司研发的、具有完全自主知识产权的国产 BIM（建筑信息模型）基础平台。BIMBase 提供几何造型、显示渲染、数据管理三大引擎，以及参数化组件、通用建模、协同设计、碰撞检查、工程制图、轻量化应用、二次开发等九大功能。可实现建筑、电力、交通、石化等行业的数字化建模、设计、交付、审查、归档工作
Glodon	数维建筑	广联达国产 BIM 图形平台 GDMP 是具有完全自主知识产权的国产 BIM 基础平台。广联达数维建筑设计软件（GNA）服务于设计院及建筑设计师，聚焦于施工图阶段，以参数化建模为基础，实现数据驱动的一体化协同设计，满足建筑设计造型、多专业协同提资、图纸成果输出等需求，数据成果可传递至广联达算量等应用，不断延伸 BIM 设计价值
Glodon	数维道路	广联达数维道路设计软件是基于广联达国产 BIM 图形平台 GDMP 和参数化建模技术，为路桥隧设计师或 BIM 工程师全新打造的，聚焦于路桥隧从方案到施工图设计的符合国内设计习惯与规范标准的 BIM 专业化设计软件。该软件包括道路、桥梁、隧道三个子系统，为道路工程设计提供了整体解决方案

注：此排名不分先后。

智能设计不能脱离建筑行业现状。现阶段建筑行业所有工作流程均采用 DWG 文件或纸质图纸，这意味着在智能设计现阶段成果必须能兼容现有的工作流程。因此，BIM 软件要具备支持"建筑信息化模型"搭建和设计图纸表达两个主要功能。成果输出要满足图纸文件兼容 DWG 或 DXF 格式，同时模型文件兼容 IFC 标准格式。国内主要 BIM 设计软件见表 3-15。

表 3-15 国内主要 BIM 设计软件

软件厂商	主要产品	产品特点
PKPM	PKPM-BIM	将结构计算模型与 BIM 信息模型进行互导，从而完成结构专业正向 BIM 设计，并支持全专业三维协同
PKPM	PKPM-PC	结合 PKPM-BIM 软件的强大优势，对装配式建筑进行智能深化设计
YJK	YJK 软件系列及数据接口	盈建科结构软件包括：建筑结构计算软件（YJK-A）、基础设计软件（YJK-F）、砌体结构设计软件（YJK-M）、钢结构设计软件（YJK-STS）、结构施工图辅助设计软件（YJK-D）等，盈建科开发的 YJK 与 Revit 数据转换接口，实现了 YJK 模型和 Revit 模型数据双向互通。另外，YJK 到 Bentley 的接口，能将 YJK 模型中的各种构件转换到 AECOsim Building Designer 中，为设计师节省大量的重复建模的时间
TSSD	BIMSys	以私有云平台及三维协同管理平台为支撑，通过"三维设计、二维表达"的理念，贯穿全专业的建模、设计、计算、出图、应用正向 BIM 设计全流程。探索者为设计院的 BIM 发展提供软硬件及协同管理平台的一体化部署方案
TSSD	TSRA	北京探索者软件股份有限公司在 Autodesk 公司 BIM 平台 Revit 上开发的建筑三维建模软件。该软件按照我国规范和成图要求，采用标准层方式自动构成建筑三维模型。使用本软件，用户不需费时耗力学习 Revit 冗长的手册、教程，也不需建"族"、编"类"，参数化建立轴网、柱、墙、门窗、楼梯、屋顶，标准层设定完毕，建筑模型自动建立。使 Revit 软件的学习成本和使用难度大幅降低

续表

软件厂商	主要产品	产品特点
Glodon	BIMSpace	BIMSpace 是 BIM 正向设计领域的一款集快速建模、优化设计、高效出图，囊括了建筑、水、暖、电四大专业于一身的辅助设计软件，大幅提升了设计师的设计和建模效率
CMCU	BIM 智建	CMCUBIM 智建是由中机中联工程有限公司自主研发的用于房屋建筑类工程的数字化设计软件，软件由一线设计师主导开发。结合中机中联自研的模板文件、标准族库，可以支持一般房屋建筑各专业的数字化设计需求

注：此处仅列举了设计类软件，排名不分先后。

行业里有一个观点，认为智能设计应该抛弃图纸，完全依靠"建筑信息化模型"进行成果提交。笔者认为，短期内完全抛开图纸难度太大，除了要兼容上述的工作流程外，还因为人眼对二维和三维信息提取存在差异。

研究表明，人眼和大脑在处理二维图像时，能够更快地识别和理解图中的基本形状和图案。这是因为二维图像更为简单，信息量较少，减少了认知负荷。三维图像虽然提供了更丰富的视觉信息，但同时也增加了大脑需要处理的信息量，例如深度感知、透视效果等，这可能会导致信息提取速度相对较慢。建筑行业的工程图纸多以二维形式呈现，从业人员也习惯了从二维图纸中提取信息，图纸中通常还会包含标准符号和标注，方便快速理解。三维图像技术虽然越来越普及，但仍然需要时间去适应。

综上，在智能设计的初期阶段，建议以成果兼容的方式开展工作，切勿脱离行业现状。

3.2.5　协同设计平台

现代设计行业中，随着数字化和信息技术的不断进步，设计管理中所使用的设计软件和平台日益增多，而复杂性也随之增加。设计师们不仅需要在多个软件之间频繁切换，还需要面对版本控制、文件共享与协同工作等各种挑战。这些烦琐的流程不仅消耗了大量的时间和精力，还大幅降低了团队的工作效率。协同管理平台的作用便是解决这一问题，可以支持多款设计软件。

目前市面上的设计协同多以插件为主，针对不同的设计软件就需要有相应的插件，同时也会侵占设计软件本身有限的设计空间和占用大量设计软件本身的性能。中机中联一体化协同管理平台旨在简化协同设计流程，增强团队的协作能力，并提高管理效率，它打破了传统协同软件的局限，无须插件，无缝整合各种主流设计软件，无论是传统的图形设计软件、三维建模和机械设计工具，还是工程设计软件，依托于一体化协同管理平台的模块化、组件化的架构模式的优势，能够很好地接入各类支持二次开发的设计软件，提供一站式的文件管理与版本控制服务。通过集成强大的协同工作功能，团队成员能够轻松共享设计进度、实时讨论修改意见，并有效协调各项设计任务。

3.2.5.1　高效协作

（1）多专业协同。协同设计平台能够支持多个专业在同一平台上对项目进行并行设计协作，能够很好地管理和归档各个专业的设计资源，无论项目复杂程度如何，都能够轻松地实现多专业间的信息交互和共享协作，避免了设计资源的分散导致的各专业设计师耗费大量时间进行跨专业设计资源查找和交互。

（2）异地协同。无论设计师、管理者身在何处，一体化的设计管理平台都能够提供及时的项目异地协同，用户完全可以忽略地域问题，随时随地都能与同事进行高效的设计管理协同，针对一些保密要求高、安全权限要求严格的公司或者项目，设计管理平台可以配合 VPN 实现如同内网环境下的安全管理。

（3）多维多端协同。一体化协同管理平台设计之初就是为了能够很好地管理目前市面上大部分支持二次开发的设计软件，能够与设计软件跨进程地进行交互，保证随时能够调用设计软件的功能，获取设计软件的交互数据。对于目前主流的 AutoCAD、中望CAD、浩辰 CAD、Revit、Civil 3D 等有二次开发环境的设计软件，都能够实现协同客户端与设计软件分离交互，无须一个设计软件安装一款协同插件，彻底解决原来插件化依赖式的嵌入设计软件本身进程的侵入性问题，同时也避免要协同先要启动设计软件的固有模式。

（4）文件版本管理。提供完善的设计文件版本管理功能，帮助用户有效跟踪和管理设计文件的更改，避免版本混乱带来的问题。主要包括两方面功能，一是版本历史记录功能可以自动记录每次提交时的版本历史，方便用户随时查看和恢复历史版本。二是支持命名版本，方便自定义版本名称，以便更好地进行识别和管理。

具有版本比较功能，可以实现比较不同版本之间的差异，并以突出显示的方式显示更改内容，方便了解每个版本的变化情况；还支持比较多个版本之间的差异，方便全面掌握设计文件的演变过程。

版本恢复功能支持恢复到任何历史版本，避免因误操作或其他原因导致的设计文件丢失或损坏。支持将恢复后的版本另存为新文件，方便保留不同版本的修改成果。

版本引用功能支持在当前图纸中引用其他版本图纸中的对象，方便整合不同版本的设计成果。支持更新引用的版本，确保始终使用最新的设计内容。

（5）关联资源同步更新功能。可以使设计文件协同更新，实时通知到终端用户，不仅有通知提醒，文件项本身状态也会变化，用户在执行打开、提交、同步等对协同设计文件云端和本地文件有影响的操作时，都会对用户执行多次操作确认弹窗，有效地保证外部参照、外部依赖、外部引用文件的变动实时更新。避免设计协作过程中传统的人为点对点变更通知可能发生的遗漏、不及时等协作问题。

（6）轻量化预览。对于项目管理者，某些场景下并不需要启动设计软件进行复杂的设计端操作。对于二维三维的项目文件的轻量化查看，预览能够很好地解决适应不同角色在不同场景下的使用协同管理平台的需求。

3.2.5.2 权限安全

平台实现了细颗粒度权限分配。支持按项目分配权限，只有被授权的人员才能访问对应项目。确保敏感信息不被未授权人员查看和修改。

提供细粒度的权限控制，涵盖从查看、编辑到删除的多项功能。管理员可以灵活配置各个角色的权限，确保操作合规。

平台设置了 CAD 文件/建筑信息模型文件安全性控制措施。所有设计文件数据统一存储在模型服务器中，集中管理，防止数据泄露；提供访问控制和加密存储，确保文件在传输和存储过程中的安全。

3.2.5.3 管理融合

平台的融合性管理功能主要实现了以下功能：实时查看设计进度，清晰了解项目每个阶段的完成情况，自动生成进度报告，方便管理层随时掌握项目动态；设计质量有效保证，提供质量检查工具，自动检测图纸中的错误和问题；规范设计流程，确保每个环节都有据可依，有序进行；提供标准化模板，统一设计标准，提高效率；避免人员流失导致图纸丢失，所有设计数据在线存储，人员变动不会影响图纸的完整性和连续性，实现设计知识的沉淀和传承；通过统一的标准和规范，提高整体设计效率和出图美观度，提供模板和规范库，便于设计师使用；随时随地掌控项目，管理层可通过移动端随时查看项目进展，掌握设计情况，提供数据可视化工具，直观展示项目状态；平台与 OA、ERP 等企业系统无缝集成，实现多系统数据互通，提供统一的数据管理和工作流，提升企业整体运营效率；平台积累的设计数据为企业管理决策提供有力支持；提供数据分析工具，帮助企业进行大数据分析和决策；项目数据在线沉淀，形成企业宝贵的数据资产，为未来项目提供历史数据支持，提升设计效率和质量。

3.2.6 典型应用

3.2.6.1 地形分析

在勘察阶段，主要是借助硬件设备、大数据平台和相应的 BIM 软件，生成原始地形三维模型，并将原始地形数据和拟建项目场地数据（目标数据）进行实时比对和智能分析，从而得到最优的目标数据，并智能同步生成相应的场地模型。

主要利用 GIS 技术及无人机技术，并结合 Civil3D 和 Infraworks 软件，对地表及地下岩层数据进行分析，并获得原始的场地及地质建筑信息模型。

场地建模的步骤一般采用以下方式。首先通过无人机倾斜摄影技术及 3D 扫描技术，获得原始地表点云数据；再通过 Civil3D 软件生成原始地形建筑信息模型，有效地进行地形分析；最后通过 Infraworks 软件在原始地形基础上，进一步形成场地、道路、桥隧等室外基础设施，并进行交通动线分析。

示例如图 3-4～图 3-6 所示，挖填方分析示例见表 3-16。

图 3-4 BIM 场地模型

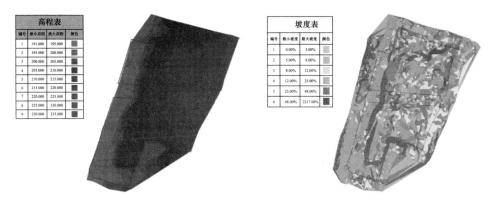

图 3-5 高程分析与坡度分析

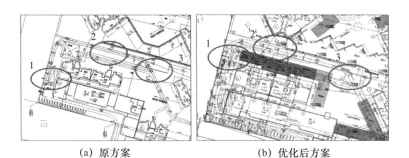

(a) 原方案   (b) 优化后方案

图 3-6 方案优化

表 3-16 挖填方分析示例

挖填方报告							
统计							
项目	类型	挖方系数	填方系数	2号区域 (m^2)	挖方 (m^2)	填方 (m^2)	净方 (m^2)
挖填方量体积曲面	全范围	1.000	1.000	107472.18	779878.35	45978.90	733899.45＜挖方＞

3.2.6.2 性能分析

建筑的环境性能分析包括对建筑所处的风、光、热、噪声等环境要素进行模拟分析。

如图 3-7 所示，BIM 技术提高了日照计算的效率，尤其是体型复杂的建筑物的日照精确度。在项目方案阶段，通过提取相关的建筑面积、容积率等基本数据，结合项目所在的地理位置和朝向，可以计算出任意时间的日照情况。

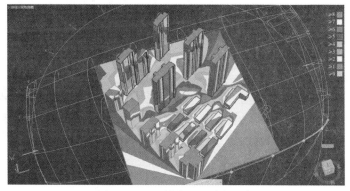

图 3-7 BIM 技术日照分析示例

环境噪声分析（图 3-8），就是把项目周边环境中的噪声源和噪声的影响范围在模型中进行模拟分析，从而选择更优的建筑方案或选择更合理的建筑材料以达到降噪效果。

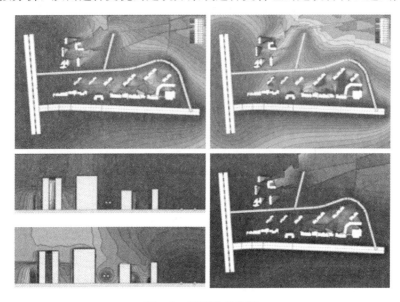

图 3-8　环境噪声分析

良好的建筑采光分析（图 3-9）能够充分利用自然光资源，减少电力消耗，实现节能减排。同时，充足的光线还能营造出更加明亮、温暖和舒适的室内环境，提升居住者的生活品质。

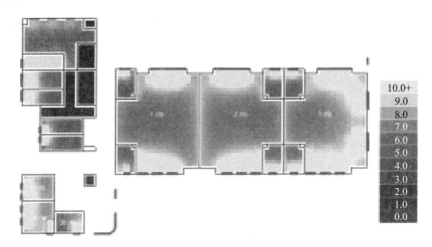

图 3-9　建筑采光分析

风环境模拟分析（图 3-10）主要包括空气龄、风速和风压分析。改善空气质量的一个重要手段是改善建筑物外部环境的空气自然流动，降低空气龄。在项目方案设计时，需通过建立风环境模型，并结合项目本身的方案模型，根据当地的气象外部条件，进行室外风环境分析，得出空气的流动形态，然后再进行设计调整。

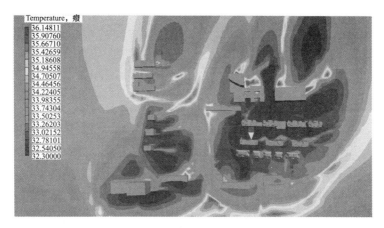

图 3-10 风环境模拟分析

3.2.6.3 协同设计

三维协同设计是以共同的三维设计平台为载体、以创建全专业三维模型为目的、以可视化设计为特征的，由各个专业共同参与的协同设计。模型是信息的载体，含有信息的模型是 BIM 初步设计的成果，三维协同设计具有直观性、协同性、参数性，如图 3-11、图 3-12 所示。

图 3-11 协同设计平台

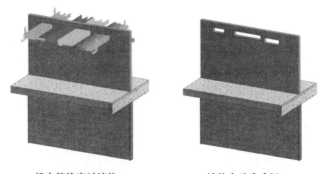

图 3-12 预留孔洞

3.2.6.4 仿真模拟

人流仿真模拟（图3-13）可以模拟行人在各个功能层的人流动线和人流密度，根据人流路线和流通量来检查建筑的功能布局是否合理，从而优化方案的平面功能布局及人行路线，提高建筑的空间，提高商业的空间利用率，降低行人在购物中的路线重复。通过人流动线的数据采集，以确定建筑设计是否符合规范要求。

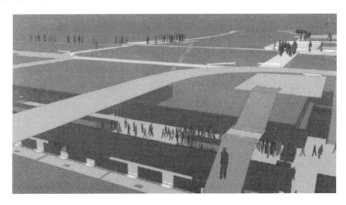

图 3-13 人流仿真模拟

通过对地下车库出入口车流量分析、车体转弯分析，以及高峰期间停车位的使用分析，判定建筑设计方案是否合理、柱距是否满足车行要求、车位数量是否满足使用需求等，如图3-14所示。

图 3-14 车流动线分析

碰撞检测是在施工图设计阶段，通过整合各专业的模型，运用BIM软件检查各专业间的构件错误和冲突，并从合规性及合理性方面优化三维模型，有效利用空间，减少设计中的"错、漏、碰、缺"，避免设计错误传递到施工阶段，如图3-15所示。

图 3-15 管综碰撞检测

停车位碰撞分析（图 3-16）需要从满足停车位正常使用的角度，对地下车库停车位进行分析，并提出停车位分析报告，指导停车位的优化。

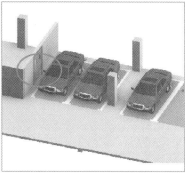

图 3-16 停车位碰撞分析

建筑净高分析（图 3-17）在提升建筑空间感和舒适度、优化视觉效果、改善空气流通、优化声学效果以及满足安全标准等方面都具有重要意义。因此，在建筑设计和规划过程中，对净高的分析和设定不容忽视。

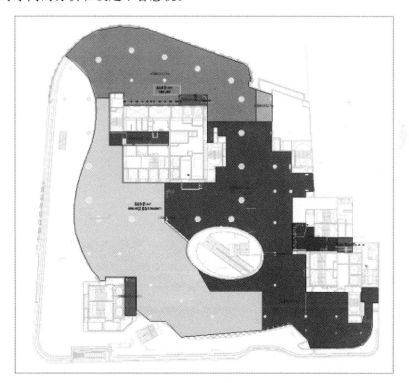

图 3-17 建筑净高分析

3.2.6.5 智能出图

三维建筑信息模型中的构件进行智能识别和统一标注，可使设计师在出图方面节约大量的时间。由于二维图纸是根据三维模型生成的，因此，只需修改模型，图纸便智能联动被修改。模型和图纸的联动机制，极大地提高了设计的效率，避免了图模不一致的问题。智能出图示例如图 3-18 所示。

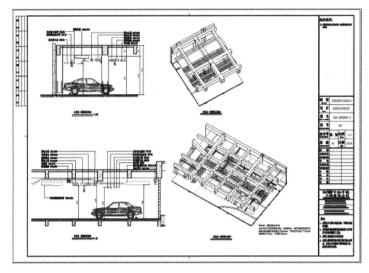

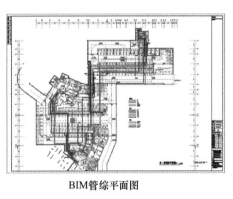

BIM管综平面图

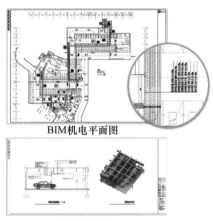

BIM机电平面图

BIM剖面图

图 3-18　智能出图示例

3.2.6.6　深化设计

BIM 深化设计工作是在施工图设计工作之后或与施工图设计同步进行的，主要包括结构专业的钢筋深化设计、装配式构件的深化设计、机电专业的支吊架设计、房间的装饰装修等，对其进行深化设计工作。

局部钢筋大样深化（图 3-19）可以通过参数化的智能设计，修改一处，联动多处，极大地提高了钢筋的优化效率，并对传统的二维平法配筋的成果进行更加直观的校核。通过对钢筋节点深化设计可以有效地避免构件内以及构件之间的钢筋碰撞问题，避免在施工过程中出现钢筋冲突。

支吊架深化（图 3-20）是在机电管综优化完成后，BIM 智能设计可依据机电模型中管道、桥架的位置、荷载等参数进行分析和判定，并按照国标和图集要求，自动生成支吊架排布模型，并将荷载传递至结构构件，从而得到排布合理、节约造价、安全较高的管道综合支吊架模型。

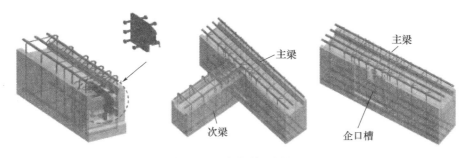

图 3-19 局部钢筋大样深化

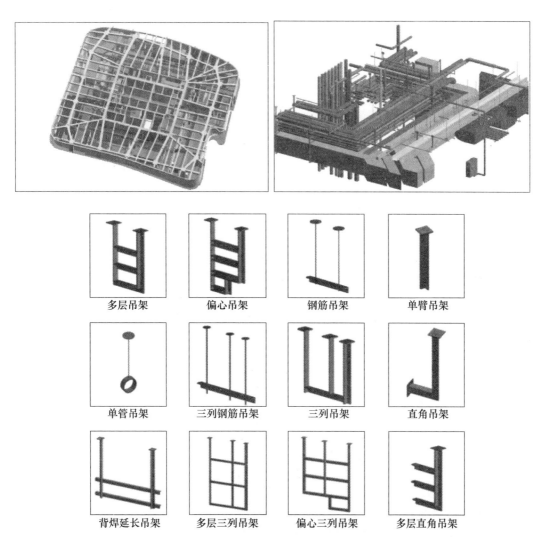

图 3-20 支吊架深化

在室内装修深化（图 3-21）设计中，借助云参数化建模，记录了室内装修设计中的各项数据，能快速对各种构件进行统计分析，出具各种施工图表，大幅减少了烦琐的人工操作和潜在错误，实现了工程量信息与设计方案的完全统一。并且根据统计结果可以很好地掌握后期材料用量，对控制成本具有重要的现实意义。

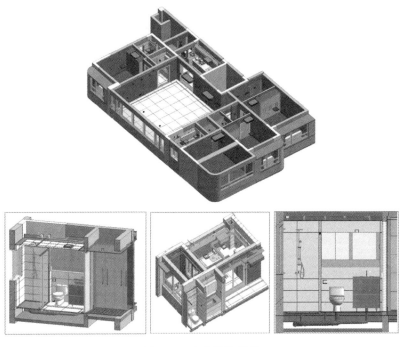

图 3-21 室内装修深化

BIM 技术在装配式构件深化（图 3-22）设计中的应用，可对装配式构件提前进行可视化、钢筋与洞口碰撞检查，提高了加工过程的准确性。采用 4D 模拟可进行装配式构件的预拼装，确定现场吊装顺序。对装配式模型的现浇节点进行钢筋排布及碰撞检查，提前发现并消除可能存在的预制构件端部钢筋互相碰撞的隐患。项目通过 BIM 技术的应用，提高了 PC 结构的深化设计效率，使施工中存在的问题可以提前得以解决，保证了后期工程的顺利开展。

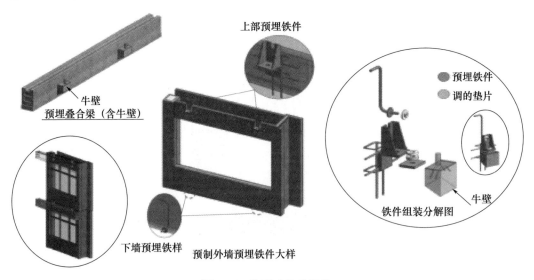

图 3-22 装配式构件深化

3.2.6.7　工程量统计

建筑信息模型与工程量清单智能联动，通过建筑信息模型直接生成相对应的工程量清单。工程造价贯穿整个设计阶段，而工程量的精确统计是工程造价的难点和重点，在设计阶段，只要设计按照标准化流程进行，则在整个智能设计过程中，可根据各个专业的设计模型，实时生成与设计构件相对应的模型工程量清单。如果在模型构件中添加材质属性及综合单价等信息，便可直接利用建筑信息模型对项目总造价进行精细化智能计算。

3.2.6.8　Dynamo 参数化应用

通过 Dynamo 的参数化建模，设计师可以基于一系列预定义的参数，迅速创建、修改和优化设计方案。以某曲面高层建筑为例，通过 Dynamo 的参数控制，设计师能够精确调整模型的尺寸和造型，极大地提高了设计效率。

3.2.6.9　虚拟漫游

虚拟漫游（图 3-23）是虚拟现实技术与 BIM 技术结合的新兴产物，具有沉浸性、交互性和数据性三个特点，通过漫游可以直观地发现建筑设计中的问题，并查找和解决构件的碰撞点。同时，也可以对整个建筑设计进行全方位动态展示。虚拟漫游可借助 VR、AR等工具实现，同时，也可利用云计算进行渲染，以体验到更加真实的动态三维漫游效果。

图 3-23　虚拟漫游（管线、室内、车库）

3.2.6.10 AIGC

AIGC（人工智能生成内容）（图 3-24）是基于 Stable Diffusion 底层，利用 comfyui 良好的 API 节点适配性能进行平台搭建，主要运用于建筑方案设计创作领域。该平台应用 AIGC 技术，为建筑方案创作阶段的灵感概念生成、设计方案创作等方面，提供一个更加高效、便捷、灵活的解决方案。该平台专注于工程设计相关领域的人工智能应用，由建筑师深度参与产品研发，测试并制定了建筑、工业、景观、室内等多专业、多类型、多风格的工作流，配合专项训练的 LORA 模型，可以快速高质量地生成图像，辅助设计工作。

图 3-24　AIGC

3.2.6.11 智能校审

利用 BIM 技术的三维可视化、信息集成及交互性的特点，将复杂的施工图纸和设计数据转化为智能可分析的模型。利用数字技术自动检查设计的一致性、合规性和潜在的冲突点，如结构、管道、电气线路等的碰撞检测。通过大数据和人工智能算法，系统能够迅速识别出不符合规范或设计原则的部分，并提供优化建议。这种方式极大地提高了审图的效率和准确性，减少了人工审图的错误和遗漏，为工程项目的顺利进行提供了有力保障。智能图审如图 3-25 所示。

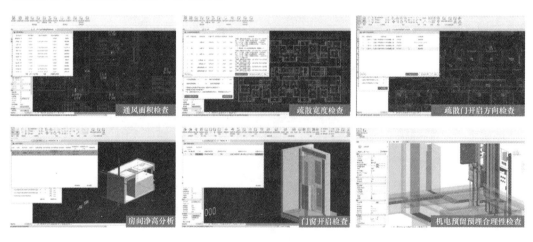

图 3-25　智能图审

3.3 工业化生产

3.3.1 概述

"工业化生产"指的是将建造过程所需的部分或者全部构件在工厂预制完成，然后运输到施工现场进行组装。利用 BIM 技术、自动化技术、物联网技术、机器人技术等，实现预制构件的标准化设计、工厂化生产、信息化管理、智能化应用，并为后续装配式建筑的装配化施工、一体化装修提供重要支撑。"工业化生产"的关键应用点包括装配式构件拆分设计、装配式构件深化设计、构件生产自动化、生产过程管控数字化、制造装备智能化等部分。

当前，我国装配式智能制造普遍存在机械化程度低、人工成本增加、劳动力人数降低、农民工队伍无以后继、作业精度低、难以满足生态环境要求等问题，与欧洲等国在建筑工业化领域的状况相比还存在着巨大的差距和不足。

在智能化工厂开拓进程中，应大力发展装配式建筑的智能化设计、智能化生产制造、智能化机械装备应用等先进技术，能有效地缓解或彻底解决上述众多问题。

劳动力方面，将传统的农民工转化为机器人和专业技术工种，进一步解决传统工地用工量大的问题。

工艺方面，将传统的垂直式工地现场施工转为工厂流水线生产的作业方式，进一步优化掉了现场的施工工艺复杂、操作不便、高空危险作业等问题。

设备方面，将传统的泵车、振动棒等设备转换成了混凝土送料小车、振动台等先进设备，进一步解决了现场混凝土质量控制难等问题。

通过一系列先进的技术，进一步实现预制构件的标准化设计、工厂化生产、信息化管理、智能化应用，为后续装配式建筑的装配化施工、一体化装修提供重要支撑。

3.3.2 智能化 PC 构件自动生产线

PC（预制混凝土）构件生产是建筑产业现代化的重要"生产环节"，PC 构件工厂化生产极其重要，它是将建筑产品形成过程中需要的中间产品生产由施工现场转入工厂化制造，以提高建筑物的建设速度、减少污染、保证质量、降低成本。

3.3.2.1 智能化 PC 构件自动生产线

与传统混凝土加工工艺相比，PC 构件自动生产线具有生产全流程自动控制、生产效率高、操作工人少、机械化程度高、人为因素引起的误差小、自动化程度高的特点。PC 自动化生产线的智能化主要体现在中央控制系统、原料处理系统、钢筋加工系统、PC 循环生产系统、养护存储系统等方面。PC 构件自动化生产线智能化控制系统如图 3-26 所示。

PC 构件生产工艺流程一览如图 3-27 所示。

PC 构件自动化生产线包括：

（1）中央控制系统：是 PC 生产线的大脑，控制整条生产线的运作，包括原料处理、钢筋加工、PC 循环生产、养护存储等。

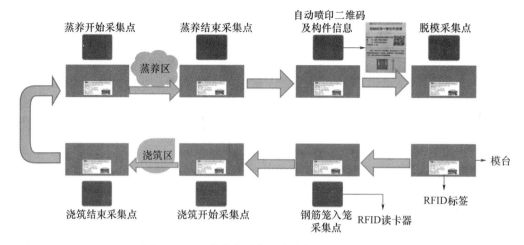

图 3-26 PC 构件自动化生产线智能化控制系统

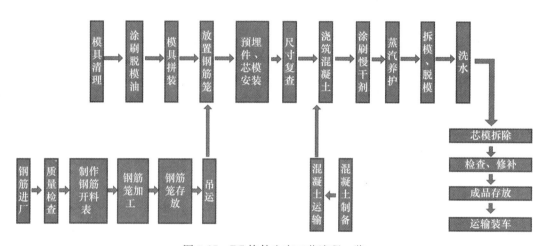

图 3-27 PC 构件生产工艺流程一览

（2）原料处理系统：主要有原料储存堆放、配料、计量、输送、搅拌等设备。

（3）钢筋加工系统：主要有自动化钢筋加工设备、焊接设备、自动钢筋配置和摆放机械手等设备。

（4）PC 循环生产系统：主要有托盘循环设备、托盘清洁装置和脱模剂喷洒装置、标绘器、拆模机械手、混凝土布料机、翻转装置、提取设备、抹平装置、倾卸装置等设备。

（5）养护存储系统：主要有混凝土养护设备、堆放和储运等设备。

机械智能化全自动生产线的投入，优化了生产工艺，构件产品毫米级误差，大幅提高了生产效率，在重复、复杂、精细化要求高的流程中完全替代了人员的操作，在整个生产过程中一定程度上减少了人工的介入。在配备智能化生产线的情况下，大幅提高了生产效益。

PC 构件自动化生产线一览如图 3-28 所示。

图 3-28 PC 构件自动化生产线一览

3.3.2.2 智能生产设备

智能化、仿生化是制造装备的最高阶段，在建筑预制件生产方面，许多 PC 构件生产厂采用的人工作业逐渐被自动化所替代，如钢筋绑扎、拆布模等工艺流程存在劳动强度大、工作效率低、标准化程度差等劣势，人工智能、机器人等高新技术在 PC 工厂更充分的利用，成为行业内急需解决的问题。目前国内建筑业制造机器人发展处于初级阶段，已有许多企业投入大量资源开展相关研发工作。

1）智能化设备当前应用问题分析

研发工厂 PC 构件生产线智能设备是提高工厂生产效率、提升产品质量、减少劳动力投入的迫切需要。工厂自动化设备和装备的缺乏，导致我国大部分 PC 工厂生产设备自动化水平偏低，大量人工手动单步控制操作，关键工位依旧由人工作业；且存在设备间功能配合工艺生产不足，钢筋生产线、PC 生产系统、混凝土搅拌系统、行车设备系统联动性差等问题；钢筋生产线为单一钢筋设备的简单堆砌，需要大量人工进行半成品钢筋的绑扎；直接引进的生产线未能完全适应我国装配式建筑的特点和需求等。

2）制造装备智能化

通过 RFID、二维码等信息技术将工厂内的所有 PC 构件生产线智能设备有序串行起来，使每台智能化生产设备皆为信息采集点和信息写入点，通过厂区内部网络传递到中央控制室数据中心，基于企业云端将数据传递到厂区施工人员及各级管理人员的移动端、计算机端等设备中，使管理者实现移动办公、实时办公、精准办公。

（1）钢筋加工机器人（图 3-29）。

钢筋加工机器人通过嵌入式微型计算机，读取预处理好的钢筋加工图纸信息；可将钢筋调直、牵引、弯曲、切断全过程自动完成；并且可以做到连续成型、连续出货、分类放置；减少了材料消耗，节约了人工成本，具有生产效率高、产量大、精度高的优点；避免了信息加工、输入错误，解决了传统管控的难题，提升了钢筋加工标准化水平。

图 3-29　钢筋加工机器人

（2）自动布料机（图 3-30）。

图 3-30　自动布料机

自动布料机有人工手动控制和自动控制两种操作模式，人工手动控制模式时，设备操作简便，学习成本低，上手快，工人能在短时间内上手且熟练操作。全自动控制模式时，布料机控制系统直读中央控制室计算机中的图纸数据，通过 RFID 及二维码信息自动识别出模具型号、用料方量，自动模拟出布料路线，自动布料。布料过程效率高，机器的行走速度、布料速度无级可调，并配备清洗平台、高压水枪和清理用污水箱，便于清洗和污水回收。

（3）拉毛机器人（图 3-31）。

图 3-31　拉毛机器人

拉毛机器人主要用于预制构件静养后的收面处理，通过 RFID 和预置摄像头识别二维码等两种方式智能识别工位下的预制构件，通过微型计算机自动读取出中央控制系统中的构件数据，自动控制拉毛类型方式、拉毛范围、拉毛路径等。拉毛机机械手臂可快速升降，锁定位置。该设备拉毛迅速，效率高，拉毛深度均匀，效果也比人工好。

（4）自动立起脱模机（图 3-32）。

图 3-32　自动立起脱模机

自动立起脱模机由翻转式模台、液压机械结构、站人平台等多个部分组成。该设备的应用，扩展了构件的脱模方式，方便构件吊起，能大幅提高脱模效率。生产过程中模台到达该工位时，操作手通过遥控方式对其进行远距离操作，设备停靠稳定后，工人通过操作平台对构件进行挂钩安装等工作，作业过程安全可靠。

（5）自动洗水机（图 3-33）。

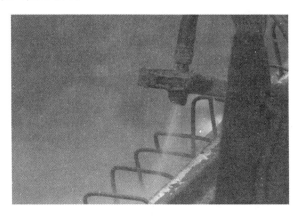

图 3-33　自动洗水机

自动洗水机，在洗水这一环节能完全替代人工作业。它的优势在于，通过微机系统对洗水目标区域、喷头移动路径、喷头出水量的精准控制，以及移动式模台和自动洗水机的协同移动，可进行流水式作业，使单个构件洗水用水量更少，洗水过程时间减少，但洗水效果更好，也减少了水资源浪费和人力资源的浪费。

3）智能化生产设备技术应用展望

为了能够推动我国智能制造设备良好发展，应不断扩大中国智能制造的规模、力度。也就是充分考虑我国的国情及我国可持续发展战略，科学合理地制定智能制造设备的发展目标，即集成化、定制化、信息化、数字化以及绿色化。在此基础上统筹规划和制订相应的智能制造设备研究方案，为更深入、全面地展开智能制造创造条件。

将计算器辅助制造系统（CAM）、生产执行管理系统（MES）与基于 BIM 技术的建筑全生命周期大数据服务相结合，通过大数据分析和 AI 人工智能对工厂生产进行进度计划控制、质量控制、生产溯源、移动协同、堆场管控、自动统计等，对生产全过程进行信息化管控。为达到这一理想的生产状态，研发新型的、智能的、能解决生产过程痛点的关键性生产线智能设备，是当前最为迫切的需求。

（1）研究模具、钢筋笼一体化智能安装设备，取代手工作业，实现模具的自动化安放。

（2）研发一体化智能安装设备用于模具和对应钢筋笼之间的自动识别、运输、装配和固定等环节，取代手工作业，提高工厂的生产效率。

（3）研发适合我国建筑标准的组模机械手和配套模具，能解决 PC 构件出筋问题，与现有自动化流水线相配合，流水化生产构件。

（4）研发钢筋半成品智能绑扎设备，取代人工进行智能化精准绑扎，形成完整钢筋成品笼。

（5）自动布料机根据构件位置、尺寸、混凝土方量等加工浇筑信息，自动确定接料位置和运动路径，实时控制浇筑涂料速率和体积，完成构件智能化自动浇筑工艺。

（6）研发预制构件成品专用运输设备。力求装货空间大，能够自动升降，装货、卸货无须起吊设备，无须工人，对构件的保护效果好。同时把控运输环节，采用运输架，了解区域物流规律，优化运输路线，降低运输成本。

3.3.3 生产过程管理信息化

PC 构件生产过程一览如图 3-34 所示。

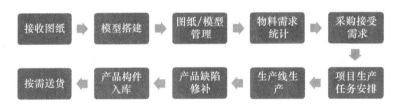

图 3-34　PC 构件生产过程一览

3.3.3.1　PC 构件智能化生产管理系统

构件工厂生产过程执行管理系统（PCMES）是提供基于云端、移动端、数据驱动、灵活配置的多平台实时协同系统，通过自动统计、高效排产、移动协同、生产溯源、堆场管理、确保安全、信息共享，实现提高生产效率、降低制造成本、打通信息孤岛，实现 PC 生产过程管控数字化。PCMES 系统分为生产计划、生产执行、发运管理、堆场管理、劳务管理、质量管理、数据中心等模块。

PCMES 生产管理系统如图 3-35 所示。

生产计划	生产执行	发运管理	堆场管理	劳务管理	质量管理	数据中心
生产资源线上管理，实时了解生产进度，高效排产	工序依次扫码确认，生产过程溯源	装车扫码确认，降低错发风险	扫码入库，绑定库位。实时化库存数据，轻松找构件	劳务工人刷脸考勤，人均时效实时计算	质检过程扫码记录，图纸扫码看	可视化数据，助力做出更智慧决策

图 3-35　PCMES 生产管理系统

1）自动统计

通过 PCMES，各类业务报表由系统自动生成进行汇总统计，一键下载，包含各类明细数据，为各种类型的结算提供准确的数据支持，如劳务计算、运输结算、项目结算等。其统计内容可分为日常浇捣统计、产量统计、入库统计、实时库存、发货统计、退货情况、质检情况等，并按期自动向上级发送报表。

2）高效排产

以 MES 系统计算的生产计划为基础，计算各个工厂内的详细日程计划，向工厂内各个工序输出工作指令。根据厂区内各个生产线的必要工作人员信息、资源优先度设定、模具信息、原材料信息、物料信息进行自动排产；根据厂区现场的构件安装情况进行逆向排产分派任务；根据现有的库存和实际的生产能力，制订出合理高效的排产计划。

3）移动协同（图 3-36）

智能化生产管理系统应顺应社会发展方向，秉承移动端优先的原则，将大部分功能落实到包括手机在内的移动端上，尽量简化使用者的学习过程，降低学习成本。优先考虑使用微信小程序平台，或推出适配不同系统平台的软件。

图 3-36　移动协同

4）堆场管理（图 3-37）

将堆场进行区域划分并命名，将库区、库位信息收录系统之中，随后对号入座进行货物上架操作，明确货位及对应货物信息，制定合理有效的货品管理制度。例如可以设置成：库位＝区位＋架位＋货位或者库位＝区位＋货位＋架位，库位＝2A-05-03 表示

2楼A区第5个货架的第3层。

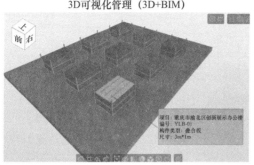

图 3-37 堆场管理

堆场管理系统支持费用管理功能，客户可以自行制定费用的条目与模板，并根据自己的实际情况编制生成账单，以最后一级的财务审核结果作为最终结果，审核成功后可根据模板导出最终账单。

引入库存作业规范，合理有效地进行库存作业。一般情况下堆场管理中针对库存管理的功能模块都会有库存最大值、最小值的限定区间，此区间由堆场管理者定义，在后续的管理中，系统会根据库存量的多少自动提示管理者库存状况。

减少对老员工的依赖，定期对库房管理人员进行培训，并制定激励措施，调动员工的积极性，合理设置管理层，明确划分堆场各人员的工作职责。根据不同的作业属性制定规范化流程制度、建立相互监督机制、建立奖罚机制、划分堆场区域、建立盘点制度等制度，用以规范堆场管理，提高堆场管理效率。加强堆场管理监督，减少货品损失、货品破损问题，降低退货率。引入效率 WMS 系统与 MES 系统配合使用，提高堆场管理效率。

5）质量管理（图 3-38）

质量管理是 PC 构件生产管理中最基本也是最核心的要素，其能否及时有效地反映、分析和处理现场施工质量隐患，显得尤为重要。通过运用 BIM 技术在相关软件中建立 3D 模型，提升图纸深度，将现场容易发生的、关键节点中的质量问题在 3D 模型

图 3-38 质量管理

中挂接，直观、全面、准确地反映出来。在 PC 构件深化设计过程中，运用 BIM 专业软件对复杂构件和复杂节点，如大难度吊装、隐蔽工程等情况，通过 BIM 软件对图形影像化模拟，对现场施工人员进行深化交底和施工指导，以达到复杂构件的可施工性，提高生产效率，减少返工，降低成本，增加复杂构件系统的安全性。在设计阶段做好充足预测分析，以促进高标准、高质量的构件生产。

在 PC 构件生产过程中，在各生产区域中采用电子化三维探测摄像头，检查现场钢筋、预埋件、混凝土做法是否规范，摆脱对常规经验的依赖，精准定位质量安全隐患。对生产过程中的工序进行开工检验、工序检验、总检等，基于二维码扫描和 RFID 数据采集手段实现检验结果、检验数据的实时采集和分析、预警提示等。对生产检验不合格的产品触发质量管理系统中的质量审理流程，记录不合格品的产品型号、数量及其他特征、返工的日期和完成时间等关键信息。将现场所存在的问题以图片或文字信息的方式，实时上传至生产管理系统中，结合大数据分析和人工智能 AI 技术，及时对现场质量问题照片进行标注，附上问题原因，方便各层管理人员实时查看，并及时做出反馈和处理。

6）安全管理（图 3-39）

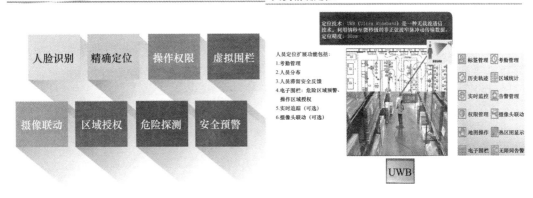

图 3-39　安全管理

实名制门禁考勤管理系统是企业为了实现员工上下班考勤刷卡、数据采集及记录、信息查询和考勤统计，是实现厂区人员有效管理、车间有序运转、人员安全生产的基本功能。以 RFID 技术为基础,结合自动控制技术、计算机技术、无线通信技术,为厂区安全管理工作提供一套切实可行、经济高效、安全可靠的管理方案。厂区智能安全巡检技术是通过一种智能软件将厂区考勤管理、现场违章管理等融合进去。其中考勤管理是利用无源标签通过注塑的方式嵌入安全帽中,各员工均佩戴有标签的安全帽来标识身份,作为进出厂区的数据载体。具体操作是先把员工信息存储到数据库,并与其相应的安全帽标签进行配对(同时通过 Wi-Fi 一键导入手持机),在厂区门口安装闸机,系统将自动记录考勤信息,将员工信息显示在门口的大屏幕上,员工无须停留排队,没有戴定制安全帽的员工或外来人员不得入内。

通过 UWB 无载波通信技术,利用纳秒至微秒级的非正弦波窄脉冲传输数据,在厂区内进行 UWB 基站布置,覆盖全区域,对人员、产品、设备等进行精确定位,实现即时安全预警,对危险源进行蜂鸣提醒,保证厂区内人员安全。实时追踪和监控场内人员和设备,配合 RFID 信息技术,通过数据和视频图像的传输方式,将人机设备等信息实时传递到办公室数据中心,基于企业云端通过互联网将信息传递到各级管理者的移动端及计算机端设备中,实时掌握场内信息。

按照场地布置要求,在场区内设置安全电子围栏,为场内人员提供危险区域预警,并将操作区域、操作设备授权或限权,进一步控制安全风险源。

7)生产数据积累

建立厂区数据中心,提供可视化数据,包括可视化日常数据、可视化项目进度、管理报表推送、明细数据浏览、数据驱动制造等。

生产数据如图 3-40 所示。

图 3-40　生产数据

8)共享信息(图 3-41)

以生产设备为核心,将生产线上所有周边设备的数据信息集成到企业中心数据库中。MES 系统集成的数据信息几乎全部来源于本地控制器,因此可以通过大量的实时数据来提高生产车间的智能化、信息化,例如生产信息的自动获取发送、多种工艺表的保存与提取、OEE 的自动统计等。将数据实时传输到云平台,从而实现大数据集成,过程管控,故障诊断等多种功能。支持多种移动终端实时读取。企业数据中心应提供全终端支持,精确快速地把信息传递给各级管理者,使管理者实现移动办公。

图 3-41　共享信息

9) 权限控制

将企业人员进行授权管理，可分多级进行权限分配。如管理者、操作者，查看者等，不同类别的人员拥有不同程度的操控权限，实现对各个人员权限的精准下放，使整个企业的人员权限精细分明。

3.3.3.2　智能制造数据分析

1) 静态数据

静态数据是指在运行过程中主要作为控制或参考用的数据，它们在很长的一段时间内不会变化，一般不随运行而变。在智能制造探索的初期，静态数据的值的初始化确立十分关键。

2) 动态数据

动态数据是指在系统应用中随时间变化而改变的数据，如库存数据、每日构件产量等。动态数据的变换与生产时间有直接关系。动态数据的可视化处理，在智能制造行业中显得十分重要，用可视化数据掌握实时生产动态，从各个维度使工厂及施工现场业务指标数据数字化、实时化、可视化，推动厂区及施工现场的执行能力。

3) 数据分析与应用

建立一个集成的、相对静态、面向主题的数据仓库。通过数据仓库的建成，可直接将异种数据源中的数据进行集成，可以按照不同的主题来进行划分管理决策所需信息，为查询、分析和决策打下基础。特征的提取可以通过聚合分类算出潜在的运行模式，一方面可以使所创建的模型更加容易理解，使大数据分析算法效果更好，另一方面可以更有效地提取出重要的信息。

由于装配制造业大数据中存在着不同的数据源，需要将不同的异构数据源统一成相同的数据源进行数据预处理，创建标准化的数据模型，来进行数据的预处理分析，在数据预处理分析的过程中需要选择相应的算法来分析。聚合性和分散性的数据需要分别处理，对于聚合性的数据，需要通过聚合技术将数据划分为不同的子集，方便对不同子集的数据进行分析。对于分散性的数据，需要通过建立统一的数据模型将无规则化的数据转变成有规则化的数据进行分析。最终对于不同的数据进行相应的处理，从而使产生的有价值数据最大化。

装配式智能制造数据分析如图 3-42 所示。

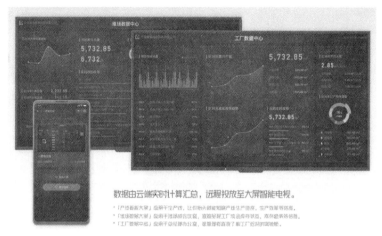

图 3-42　装配式智能制造数据分析

3.3.4　产品信息追溯智能化

装配式建筑施工不同于传统施工，为使建筑质量具有追溯性，安装无线射频（RFID）芯片和二维码的复合应用，实现对部品从生产到装配验收全过程的信息管理，全寿命周期质量追溯使装配式建筑具有高度的信息化、现代化。在全过程中，通过建立 BIM 协同共享管理平台，形成完整的追溯档案，从原材料的供应商、生产批号、检验批号、入库、装车运输、吊装施工等信息，到生产施工中的人员设备、生产测试记录、维修记录、数量等实时数据进行全过程的质量追踪与监理管理。在施工现场采集现场构件吊装施工、装配验收相关视频、图片、人员数据信息，实现施工过程的实时管理。施工完成后，各方也可对检验批资料、分项检验资料及总验收资料进行相关的检查验收、汇总上传、存档处理。装配式建筑施工的信息资料管理有别于传统施工的用普通办公软件及纸质资料形成的信息资料管理体系，相对而言，装配式建筑所要求的办公软件在传统信息管理基础上更加专业化与现代化，也更加代表了未来建筑信息管理方向，这也要求了项目信息及资料管理工作必须与时俱进，更加专业化、信息化。

3.3.4.1　生产过程信息追溯

在厂区内建立质量实验室，实现主要原材料及生产过程的检验和记录。实验室可实现对每批次的原材料进行自动检测和记录，对于诸如钢筋、预埋件、混凝土等主控项目进行重点监测，不可人工干预，以实现每个构件关键数据的可追溯性。

通过数据库的建成、原材料挂贴二维码、构件预埋 RFID 芯片、生产现场关键环节、现场管理人员皆配备 RFID 芯片读取器，及时生成 PC 构件信息单，准确查询及追踪 PC 构件详细信息，不仅实现 PC 构件生产环节的信息追溯，更能通过 RFID 芯片的信息记录，达到建筑全寿命质量"追溯"管理。

3.3.4.2　仓储物流过程信息追溯（图 3-43）

目前，仓储物流管理系统现状主要存在以下两种模式：第一种模式是基于人工的仓储物流管理系统，这种模式存在工作量较大、出错率较高、操作效率低的问题；第二种模式是基于条形码技术的仓储物流管理系统，这种模式在一定程度上提高了管理水平，初步实现管理的自动化。但由于条形码易损坏且无法实现远距离读写，很容易造成数据录入的困扰，影响数据采集的准确性，在一定程度上降低了工作效率。

RFID技术方案

- 自动采集：无须人工干预，降低人工成本。
- 批量读取：对多个RFID构件标签批量读取，构件入库、出库，运输。

出生产车间、进出堆场：自动采集

在出生产车间的门口或出入堆场的必经路径安装RFID固定式读写器，实现构件出生产车间、进出堆场信息的自动采集

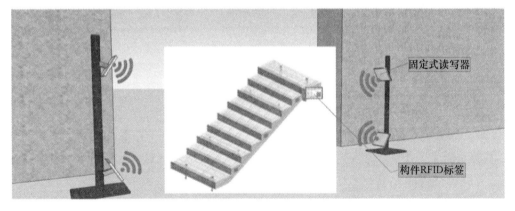

图 3-43　仓储物流过程信息追溯

我们在这里推荐基于 RFID 技术的自动化程度较高的仓储物流管理系统。由于 RFID 技术可以实现远距离批量读写。因此这种模式可在一定程度上提高货物贴标签和盘点、溯源查询等操作的效率和精度。同时可提高货物出入库的速度和自动化水平。

3.3.4.3 装配式施工现场信息追溯（图 3-44）

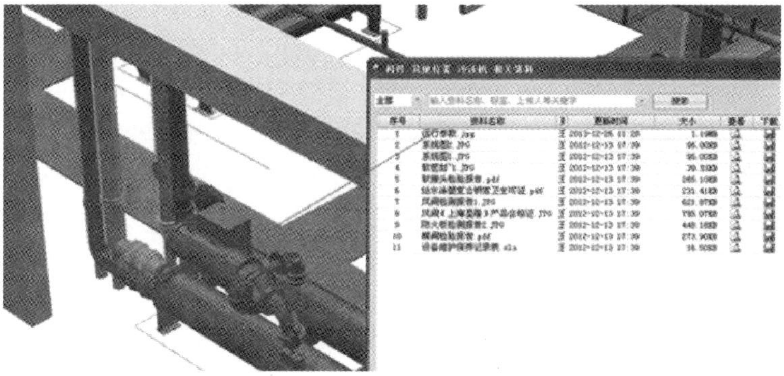

图 3-44 装配式施工现场信息追溯

通过 BIM 数字化技术打通设计-生产-施工的信息化路径，对项目进行全过程信息传输、指导和管控。基于软件云平台，创建并维护施工阶段建筑信息模型，实现建设人员、设计人员、施工人员的实时信息传递。将施工阶段建筑信息模型运用于项目现场，对现场进行三维虚拟排布，将每件装有 RFID 芯片的构件与建筑模型中的虚拟构件相匹配。构件安装时，安装人员现场扫描构件 RFID 芯片，结合建筑三维模型，实时查看相同标准构件的工程数量、构件的安装位置、单个构件属性等，帮助施工人员对建筑构件有更清晰的认识，使构件安装过程更加安全，安装质量更加可靠。

同时，在项目建设过程中，基于 BIM 协同平台，确定好设备供应商并完成安装后，将设备相关参数资料导入建筑信息模型中，方便项目后期维护管理。

3.4 智能化施工

3.4.1 概述

"智能化施工"是将云计算、大数据、物联网、移动互联网、人工智能、BIM 等先进技术，运用在工程项目的施工阶段，实现施工现场的作业要素管理数字化、建筑实体数字化和作业过程管理数字化。

"作业要素管理数字化"以作业数字化、管理系统化、决策智能化为核心特征，将施工过程中涉及的人、机、料、法、环等要素进行实时、动态采集，实现数据的共享、协作、智能风险识别和预警，为项目管理层搭建一个数据实时汇总、生产过程全面掌握、项目风险有效降低的"项目大脑"。最终达到在满足工程质量、安全目标的前提下，实现成本降低三分之一，二氧化碳排放量降低 50%，同时进度加快 50% 的目标（项目成功指标：参考英国政府对建筑业 2025 的策略和要求）。

"建筑实体数字化"的核心是岗位作业层级智能建造工具的数据采集和集成应用，实现业务数字化、在线化和智能化。其中，数字化是基础，通过 BIM 技术平台、实景建模平台实现从虚入实，建立数字模型；在线化是关键，通过成熟的物联网技术平台实现数字孪生，虚实结合；智能化是核心，通过智能平台实现数据驱动，达到演化智能算法，实现智能决策。

"作业过程管理数字化"指的是在符合国家、地方标准规范的前提下，基于同一平台，实现电子签名签章认证、施工作业行为和管理行为数字化、五方责任主体协同管理及数据共享、实时生成数字化档案，达到施工全过程业务数据和行为数据可追溯的目标，提高施工现场管理信息化水平。

3.4.2 作业要素管理数字化

3.4.2.1 工程信息

项目信息主要呈现项目的整体情况，通过项目简介、视频宣传、新闻动态、关键指标直观展示项目人员、工程、质量、安全、绿色施工、视频监控、设备管理信息等信息，呈现项目动态及亮点，为项目管理团队提供项目的整体管理指标（安全、质量、进度、环境、物联网设备运行情况等），监控项目关键目标执行情况及预期情况。通过平台可直接调取项目建筑信息模型，既形象、直观，又能体现项目的智能管理水平，为项目经理和管理团队打造一个智能化"战地指挥中心"。项目大脑如图 3-45 所示。

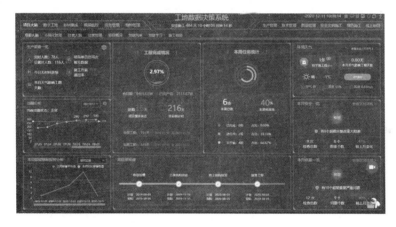

图 3-45 项目大脑

企业层，应用数字化技术，通过采集及时有效的项目数据，帮助建筑企业整合核心数据资产。构建核心业务的数据仓库，通过数据仓库，实现异构数据库的数据互通和融合，打通主数据，完成数据清洗和转译。

指标库与企业的战略目标紧密结合，从企业的战略指标逐级往下拆解，形成部门的指标、项目的指标。比如中建某局 2020 年的重点在于突破基础设施行业，要求在新签合同额中占比达到 40%，指标中就关注基础设施行业的项目占比有没有达到要求。随着战略调整，又可以增加新的指标。

基于企业多年经验的指标库数据集提取关键指标，通过工程项目和企业经营数据的多维分析，预判企业潜在风险，辅助企业管理决策，帮助企业更科学地对资源进行配置，提升企业集约化能力。基于智能的分析模型，建立数据驱动的决策体系，让管理真正从经验主义转化为数据驱动。大数据决策系统如图 3-46 所示。

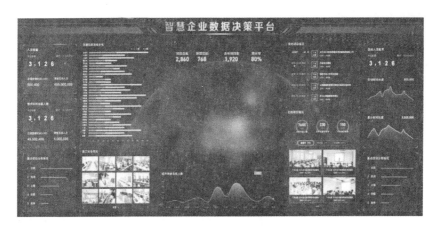

图 3-46　大数据决策系统

3.4.2.2　人员管理

现场劳务管理系统架构如图 3-47 所示。

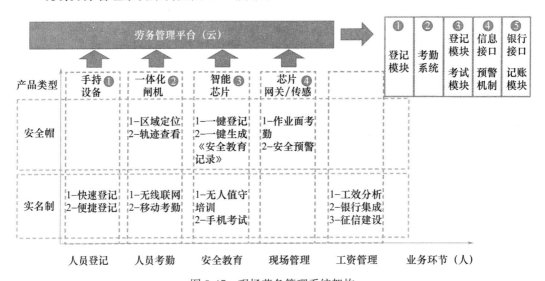

图 3-47　现场劳务管理系统架构

人员管理的"智能化"是以实名制为核心，在施工现场利用智能化设备对项目管理人员和建筑工人实名制管控，帮助管理者了解项目管理人员到岗履职情况和建筑工人进出场考勤的信息。同时支持在云端实时数据整理、分析，包括建筑工人信息、现场分布、个人考勤、工资发放、教育情况、劳动力统计等信息，为项目管理者提供科学的现场管理和决策依据，帮助企业实现大数据分析。

1）人员实名制管理

建筑工人入场教育后，持身份证以及劳务合同办理进场登记。建筑工人实名制管理信息包含人员基本信息、从业信息、信用信息。劳资管理人员通过手持设备（内置身份证阅读器）快速采集人员信息，可同时采集特殊工种证书和照片，保证人员信息真实准确。劳务管理系统内置实名制登记规则，针对进场工人年龄限制、黑名单规则（对接全国相关行管部门公布的劳务用工黑名单）等，对不符合要求的人员，系统自动拦截，降低项目的用工风险。智能手持设备快速人员登记如图 3-48 所示。

采集人脸
发放IC卡
发安全帽
登记同时
一次完成

随时随地 移动登记

刷身份证
拍照录入
手工录入
灵活便捷
问题人员
一秒立现

公安联网 人证合一

图 3-48　智能手持设备快速人员登记

通过登记现场施工劳务人员的身份、教育培训、工资结算及支付等信息，建立能动态反映每日用工实际的花名册、考勤册和工资册等实名管理台帐，实现施工现场劳务人员底数清、基本情况清、出勤记录清、工资发放记录清、进出项目时间清。图 3-49 为实名制系统自动生成劳务花名册。

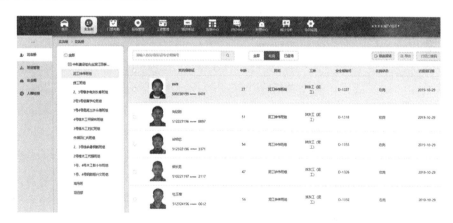

图 3-49　实名制系统自动生成劳务花名册

2）人员考勤管理

项目根据自身场地条件，选用适合的考勤方案：门禁考勤（封闭式）、手机移动考勤（非封闭式）。

（1）门禁考勤（封闭式）。

施工现场设立进出场门禁系统、人脸识别考勤设备，采集建筑工人进出场考勤信息。区别于其他传统的闸机考勤方式，可采用自主研发的先进智能硬件，一是无线 4G 应用，二是完全摆脱传统劳务产品对大门口必须配置计算机的依赖，减少计算机、网络设备等的多余硬件投入，为项目节省成本，减少计算机、网络问题频繁的困扰，同时提高项目管理和工人通行的顺畅。翼闸＋人脸识别考勤如图3-50所示。

图 3-50　翼闸＋人脸识别考勤

人脸识别设备实时记录工人进出场记录，对通行工人进行抓拍。通过考勤记录，项目管理人员可以掌握每日、每月、每年的劳动力情况汇总数据，为生产计划安排、工种配比、劳动工效分析和工人成本分析提供依据。可追溯用工计划的准确性，及时根据施工组织的设计纠正人员偏差，确保用工计划符合实际需求。

（2）手机移动考勤（非封闭式）。

结合卫星地图＋GPS定位，设定电子围挡区域，系统支持大地坐标系（国家2000、西安80、北京54）和GPS坐标的快速导入，项目可根据现场实际情况自定义划分电子围挡区域，也可支持设定多个围挡区域，形成虚拟的电子施工围挡。

作业人员进入施工现场时，结合手机GPS定位自动检测工人是否进入施工考勤区域，确认进入考勤区域后，利用微信小程序"劳务打卡宝"进行人脸拍照识别考勤及确认，不在考勤区域内，不能进行考勤。可支持由项目管理人员统一组织考勤，也可支持由班组长组织或工人自己考勤。手机移动考勤如图3-51所示。

图 3-51　手机移动考勤

人员考勤管理数据展示如图 3-52 所示。

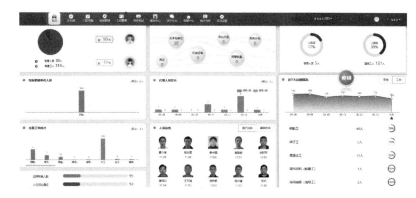

图 3-52　人员考勤管理数据展示

3）人员薪资管理

劳资管理员依据系统中的实名制信息、考勤记录等相关信息生成考勤计量、工资支付等管理台账。工资发放可与银行对接，贯彻落实《保障农民工工资支付条例》，保障农民工工资发放。同时将数据保存在系统中，支持随时查阅。实现农民工工资内部账清晰，对外发放公开、透明，保障农民工权益。农民工工资管理如图 3-53 所示。

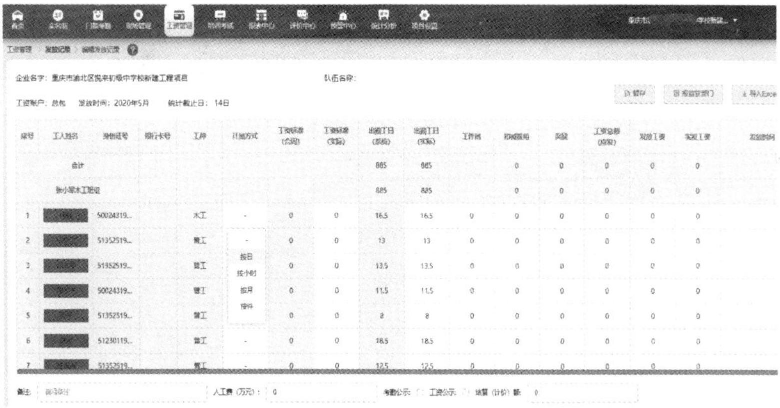

图 3-53　农民工工资管理

4）培训教育管理

建筑工人进场施工前，对其进行安全教育培训和普法维权培训才能进入施工现场从事与建筑作业相关的活动。BIM-VR 安全教育系统充分发挥了虚拟现实（VR）的技术长处，通过融合其他前沿的成熟技术如 BIM 建模技术、机械映射技术、UE4 模型引擎等，辅以当前先进的硬件设备，使用户获得沉浸式的安全教育体验，提高人员的安全意识和安全生产技能。

学习内容均以场景形式设定，以超高代入感的故事叙述方式，将每一个事故发生的过程基本还原。让体验者在严重的事故后果和真实的感官刺激中，深刻认识到安全的重要性。基于 VR 的培训，不仅仅是单方向灌输，还通过手柄的交互，让体验者在第一视角下掌握正确的操作方法。安全教育的参训数据同步跟劳务管理系统、安全管理系统对接互通，使建筑工人培训情况一目了然。BIM-VR 安全教育场景如图 3-54 所示。

图 3-54　BIM-VR 安全教育场景

5）诚信管理

不良信息记录如图 3-55 所示。

图 3-55　不良信息记录

建筑工人的诚信信息应包括诚信评价、举报投诉、良好及不良行为记录等信息。劳务系统通过数据共享的方式，与项目现场的安全管理、生产管理等系统进行数据联动应用。工人登记时，调用其他模块的工人历史从业经历和违规情况，帮助项目在"选人"阶段真正找到合格的工人。系统形成的建筑工人电子档案，掌握工人全部从业信息，形成流动轨迹，作为判断人员素质能力的依据，帮助企业吸纳和留住优秀的工人、班组、队伍，培养形成有知识有技能的产业工人。

6）人员场内定位管理

人员场内定位管理，主要是利用射频技术实现对进场人员的准确定位，通过定位数据进一步提升现场管理能力。可支持定位技术包括但不限于：北斗、GPS、蓝牙、RFID、Wi-Fi、UWB 等。

这里主要介绍一下通过蓝牙芯片的方式实现的场内定位。通过工人佩戴装载智能芯片的安全帽，现场安装智能接收安全帽芯片的信号进行数据采集和传输（扫描距离半径 30～120m），实现数据自动收集、上传和语音安全提示，最后在移动端实时数据整理、分析，清楚了解工人现场分布、个人考勤数据等，给项目管理者提供科学的现场管理和决策依据。人员轨迹如图 3-56 所示。

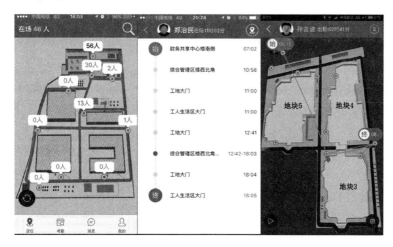

图 3-56　人员轨迹

7）企业级劳务管理

企业级劳务管理，从时间、组织等维度快速、准确、真实地为企业领导层提供不同层次的劳务指标数据。掌握日常工人管控水平，及时发现用工问题，减少因劳动力造成的工期延误、用工风险等问题。实时查看劳务人员在岗人数、每日出勤人数及其日环比、实时在场施工人数及其日环比，帮助企业掌握出勤及现场人数变动情况；掌握劳务人员年龄分布及工种分布情况；从时间维度对比各组织劳务人员出勤率趋势；从组织维度对比各组织出勤率与平均出勤率情况；自主选择重点项目查看出勤率情况等。

3.4.2.3　施工管理

施工管理是以工程进度为主线，综合协调劳动力、机械、材料等资源，对工程质量、安全、成本管控，保障现场生产的行为。将信息化技术紧密结合生产业务，全面提升现场精细化管理水平。

1）进度管理

进度管理的"智能化"应用主要包括利用双代号网络图进度计划软件编制施工总进度计划以及季度、月度、周等期间计划；基于稳定的建筑空间结构（模型）将多级计划打通，现场施工人员通过手机 App 及时、准确地反馈项目进度偏差状况，实现动态的项目进度控制；同时对项目现场的影像资料、进度记录等进行过程记录，方便查看及跟踪。进度生产管理业务场景如图 3-57 所示。

通过总、月、周三级计划联动，实现计划动态管理和周任务过程检视，提升项目计划管控能力。在任务执行过程中，生产经理以周为单位基于区域做工序任务拆解，附带技术方案、图纸、设计变更等资源。工长在手机 App 端，选择既定任务安排周计划，基于准确信息资源高效组织施工，实施现场跟踪，记录现场上工人数、机械台班、材料消耗、质量安全问题整改回复等数据。三维作战地图如图 3-58 所示。

这些数据又可以辅助一线作业人员输出施工日志、质安报表、监理周报和对外汇报PPT 等相关内页素材，提高项目管理人员工作效率，为管理层提供进度管理多维度数据分析的平台。通过建筑信息模型，生成二维、三维作战地图，将现场进度详情呈现在

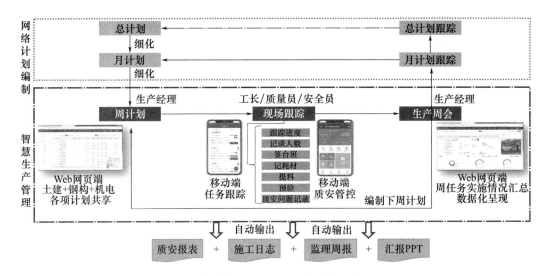

图 3-57　进度生产管理业务场景

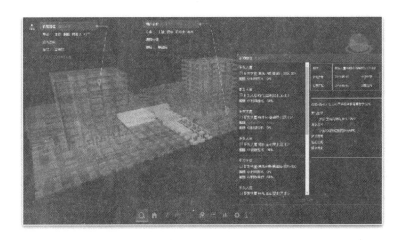

图 3-58　三维作战地图

平台上，管理人员通过作战地图，宏观把控项目情况，为管理决策提供思路。企业级进度管理从组织维度对比各项目工期情况，辅以项目倒计时数据，针对工期延期程度不同按红、黄、蓝进行风险预警，便于企业管理层对延误严重的项目进行重点关注，针对不同延误原因及时做出调整。从组织维度对比和排名各项目周计划任务总数、完成率及各类任务状态占比数量，辅助企业及时掌握各组织任务安排情况，并针对任务执行情况较差的组织及时做出调整。

2）采购管理

采购管理的"智能化"应用，包括利用项目信息化管理系统对采购供应商名录管理、物资采购计划管理、采购合同管理、物资采购评价等方面进行综合管控，具备保障现场生产、材料成本量价节超分析等能力，实现公司对项目物资采购过程的控制和监管。

项目生产过程中多采取按月或周或指定的期间编制材料需用计划，用以采购进场。在信息化系统中灵活设置管控参数，通过材料总量计划、部位计划来指导合同采购数量；还可以对物资采购、入库起到限额的控制作用，实现材料的成本管控（如系统可以对超过部位计划的需用计划进行预警，入库量不能超需用计划量等）。物资管控参数如图 3-59 所示。

管控参数　　参数名称

	参数名称	参数类型	参数值	管控下级		影响模块	参数备注
1	项目材料累计需用计划量不能超累计总量计划量	布尔类型	是	☑	…	材料需用计划,…	材料累计需用计划量不能超累计总量计划量，只有做了总量计…
2	项目材料累计需用计划量不能超累计部位计划量	布尔类型	是	☑	…	材料需用计划,…	材料累计需用计划量不能超累计部位计划量，只有做了部位计…
3	材料采购计划必须来自材料需用计划	布尔类型	否	☑	…	材料采购计划	材料采购计划只有参考需用计划按钮，没有选择字典材料按钮
4	材料累计采购计划量不能超累计需用计划量	布尔类型	否	☐	…	材料采购计划	材料累计采购计划量不能超累计需用计划量
5	所有采购材料不允许无合同入库	布尔类型	否	☐	…	入库单,直入直…	所有采购材料入库类单据合同必填，并且只能选择合同范围内…
6	项目材料累计入库量不能超累计总量计划量	布尔类型	否	☑	…	入库单,直入直…	材料累计入库量不能超累计总量计划量，只有做了总量计划的…
7	项目材料累计入库量不能超累计需用计划量	布尔类型	否	☐	…	入库单,直入直…	材料累计入库量不能超累计需用计划量，只有做了需用计划的…
8	项目材料累计入库量不能超累计部位计划量	布尔类型	否	☐	…	入库单,直入直…	材料累计入库量不能超累计部位计划量，只有做了部位计划的…
9	采购入库单价不能超合同单价	枚举类型	不管控	☐	…	入库单,直入直…	当入库单选择了合同后，并且该合同勾选了"入库单价不能超合…
10	采购结算单价不能超合同单价	枚举类型	不管控	☐	…	采购结算单,材…	当结算单选择了合同后，并且该合同勾选了"结算单价不能超合…
11	采购结算额不能超合同金额	枚举类型	不管控	☐	…	采购结算单,材…	当结算单选择了合同后，并且该合同勾选了"结算额不能超合同…
12	合同价超指导价标红预警	布尔类型	否	☐	…	材料采购合同,…	当采购或租赁合同的合同价超过指导价时，材料明细标红预警
13	物资启用测算价管控模式	布尔类型	否	☐	…	总量计划、材…	当启用时：1、总量计划显示测算单价字段；2、当采购合同的…
14	物资启用预算价管控模式	布尔类型	是	☑	…	总量计划、材…	当启用时：1、总量计划显示预算单价字段；2、当采购合同的…
15	材料采购合同量不能超采购计划量	布尔类型	否	☐	…	材料采购合同…	材料采购合同累计量和商混合同累计量不能超累计采购计划量…
16	物资供应商初评、名录必须设置供应材料类别	布尔类型	否	☐	…	物资供应商初…	物资供应商初评、物资供应商名录模块增加【供应材料类别】…
17	不能签订供应商供应材料类别之外的物资合同	布尔类型	否	☐	…	材料采购合同…	材料采购合同、周转材料租赁合同、商品混凝土供应合同，提…

第 1 页共 1 页　每页显示 25 条记录

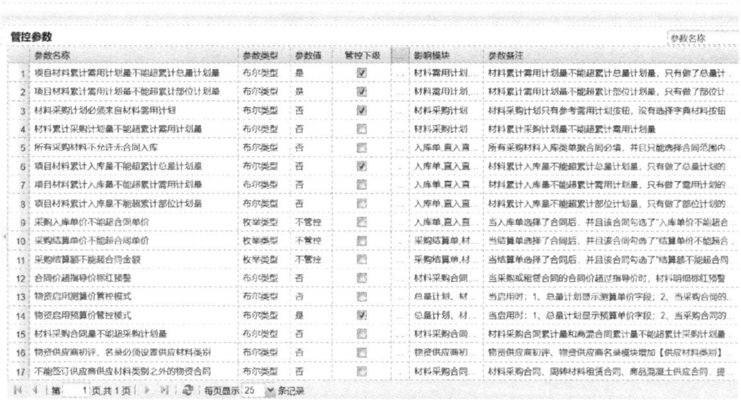

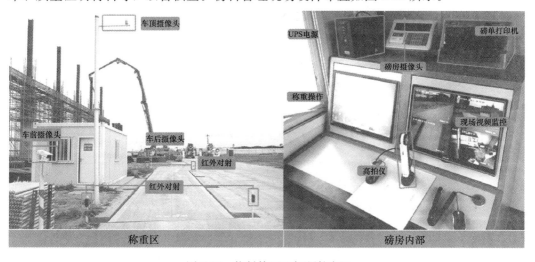

图 3-59　物资管控参数

3）物资管理

通过软硬件结合、借助互联网手段对大宗物资验收环节全方位管控，提高磅房人员工作效率，堵塞物料验收环节管理漏洞，避免材料进场便损失，提高企业及项目部经济效益。

在地磅周边配置物联网设备，监控过磅行为，精准采集数据，实现刚性管控。系统跟地磅仪表直接对接，避免手工填单失误；材料实称实入库，保证材料真实到场，确保项目交付。红外对射设备监测车辆是否完全上磅，并提示预警，避免车身皮重变轻，净重增加。摄像头全方位监控，过磅监控车前/后/斗、磅房，卸料时监控料场，并抓拍 8 张图片，发现问题及时制止，实现惩罚和追溯有依据。车牌识别设备自动识别、填写车牌，留存车牌照片，提升过磅效率，实现可视化监管。即时拍照留存原始信息，包括运单、质量证明材料等，以备核查。物料管理现场硬件布置如图 3-60 所示。

图 3-60　物料管理现场硬件布置

物资验收系统与项目管理系统物资管理模块集成，过磅单直接推送至项目管理系统入库单模块。项目管理系统内提供多种分析报表以及丰富的分析维度，可随时查询某时间段内的材料收发存情况，如期初、本期增加、本期减少、期末的单价、数量、金额，以及所有材料或者供应商的收发综合查询分析。

从时间、组织等维度快速、准确、真实地为企业领导层提供不同层次的物料指标数据。运用 BI 商业智能的灵活可配置，查询某时间段内的材料收料、发料、收发料的综合情况。对需用计划或采购计划，跟踪合同签订情况、实际到货情况。查询租赁材料的费用情况、进出场情况、结存情况等数据。查看材料合同的签订、履约、结算以及付款情况。查看供应商或合同的签约、履约、结算、付款情况以及追溯查询结果。

3.4.2.4 质量管理

建立基于 BIM、智能硬件、大数据和移动技术的质量管理，通过对质量方案管理、从业人员行为管理、变更管理、检验检测管理、旁站管理、检查管理、验收管理、质量资料管理、数字化档案管理的应用，帮助建筑企业实现项目质量管理动作标准化，检查过程记录数据化、在线化，以及企业决策可视化。

1）检查管理

质量检查管理系统通过信息化的手段满足施工现场质量检查要求，内置标准质量问题库，汇集整理近万条施工项目的质量条目，指导一线人员在执行日常质量检查时快速描述问题完成检查记录。实现精准的质量问题分类、分级管理标准，规范工作流程，操作有据可依，实现从随机检查到量化检查的过渡。

质量员通过手机 App 快速跟踪现场问题，通过拍照、文字、短视频录制等功能快速采集现场质量情况。将质量问题内容、照片、整改人、紧急程度、整改时限、整改要求、所有节点工作与人员建立了一一对应关系，质量问题自动通知整改人，快速消除质量问题。现场质量问题场景应用如图 3-61 所示。

现场问题发起整改　发起问题　整改问题　复查问题

图 3-61　现场质量问题场景应用

管理者可在手机端随时掌握质量真实状况，质量问题排查次数、质量问题的整改进度及结果，质量问题的级别及分布情况等。Web 端提供展板页面，指标分析清晰快速，可以通过数据穿透查看每一个问题的整改细节。质量问题展示如图 3-62 所示。

质量问题、检查部位与建筑信息模型关联，集成展示项目质量问题，快速分析质量问题高发部位。实现检查数据统计、查询、分析及预警功能。实测实量方面，通过物联网设备（如电子靠尺、红外测距仪、激光扫描仪、道路压实监测、道路摊铺监测等）采集质量数据，实现智能化质量数据采集检查。现场实测实量场景应用如图 3-63 所示。

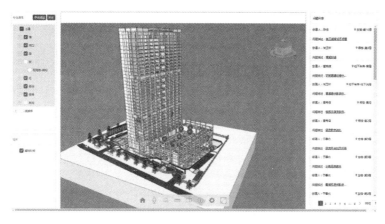

图 3-62　质量问题展示

图 3-63　现场实测实量场景应用

通过这种大数据的方式预测质量发展趋势，安排下一步工作，将管理落实到位。变被动为主动促使管理人员主动抓质量问题检查并整改工作，最终实现企业无质量事故目标。

2）验收管理

为满足监理方、施工方对项目验收的管理要求，具备质量问题及处理全过程的信息化管理，在质量系统内，内置 1000＋验收基础库，涵盖房建（基础、主体、装饰装修，钢结构）及地铁专业，可根据主控项目、一般项目进行验收，也支持维护各企业的检查验收标准。可关联验收规范，辅助质量员在验收过程中准确发现问题，并及时整改。移动端工序验收如图 3-64 所示。

图 3-64　移动端工序验收

项目制定检验批验收计划，划分检验批，明确验收责任人。依据计划跟踪验收进展。规范化验收过程，提高项目一次验收通过率。工序验收记录列表，展示所有工序验收记录，可筛选并查看详情，导出验收记录列表存档。工序验收进度跟踪，现场工序验收主要实施人依据验收规范检查，测量现场数据，验收阶段可进行实测实量，发现质量问题，可直接发起问题进行跟踪整改，保证问题闭合，顺利通过验收。验收过程自动生成原始记录，打印存档。各方实时了解项目验收状态。

具备采集的验收数据记录信息数据统计、分析、查询功能，可即时发现工程隐患信息，操作不规范行为，即时发出警示和整改信息给相关责任人，实现工序验收的信息化管理流程。

3）质量资料管理

质量资料管理，实现对检验批、分项、子分部、分部、子单位工程、单位工程以及工程验收过程的行为信息、质量信息的采集、处置、质量资料数字化管理。

运用建筑信息模型，根据施工进度安排，合理划分检验批并匹配模型，实现过程验收资料与 BIM 施工阶段模型的有机关联。首先，将质量资料与建筑信息模型对应的构件关联，通过 BIM 生成构件二维码。查找资料时，直接加载构件相关的施工资料信息，现场直接扫码查看构件属性，便于资料与模型的准确定位。其次，将设计属性与施工属性对比，保证施工质量。支持质量资料逆向定位构件等质量资料管理。可追溯化管理如图 3-65 所示。

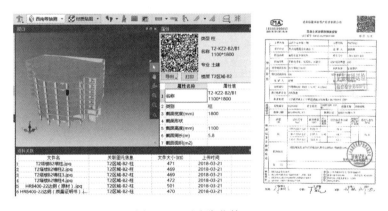

图 3-65　可追溯化管理

4）企业级质量管理

通过数字化的方式，形成企业质量管理的标准中心、业务中心、数据中心、覆盖质量巡检、质量验收、实测实量、质量评优等主要质量管理活动。公司能够及时全面地掌握项目质量管理的真实情况，简化上报汇总流程及分析工作量。

形成企业质量大数据，从时间、组织等维度快速、准确、真实地为企业领导层提供不同层次的质量指标数据；从时间维度把握企业整体质量趋势，及时调整质量相关计划；从类别维度分析各类质量问题占比，使企业有重点地进行质量控制；从组织维度对比各组织质量管理现状并评价其日常管理动作，针对超期未整改问题企业进行对比排名，辅助企业有针对性地进行质量问题督办。

3.4.2.5　安全管理

通过云、大、物、移、智的先进信息技术，为企业构建信息化安全管理系统，通过搭建"三防一联动"的系统业务架构，提供安全方案管理、风险分级管控、隐患排查治理、危险性较大的分部分项工程信息管理、安全教育管理、AI智慧安全、机械设备安全、应急管理、安全资料管理、数据决策中心等应用场景的解决方案，覆盖企业安全管理的核心业务。实现安全管理的过程可追溯、结果可分析，不让隐患转化成风险，不让风险转化成事故。

1) 安全方案管理

满足施工现场的安全方案管理的需求，在信息化系统中，针对安全施工组织设计及危险性较大的分部分项工程安全专项施工方案等，实现在线提交、线上审批、在线编辑等功能，通过系统生成安全方案台账。审批通过后的电子文档（审批页为扫描件或照片）方案通过系统共享给需要的部门，并报至公司质量技术部、安全管理部备案。

2) 危险性较大的分部分项工程信息管理

根据《危险性较大的分部分项工程安全管理规定》和《住房城乡建设部办公厅关于实施〈危险性较大的分部分项工程安全管理规定〉有关问题的通知》（建办质〔2018〕31号），制定从现场危大工程施工前的准备工作到验收结束全过程的标准化流程，包括维护危大工程库、识别危大工程、方案编制、交底学习、过程管控、风险控制、进度查询等多方面功能。危大工程管理如图 3-66 所示。

图 3-66　危大工程管理

针对危险性较大的分部分项工程施工进度，对危险性较大的分部分项工程实施分级管控。在系统内制订管控计划，发布关键管控任务，项目人员的手机端 App（应用）会接收到危大工程的任务。通过移动终端设备进行危险性较大的分部分项工程动态管理。危大工程管控任务如图 3-67 所示。

项目人员登录移动端 App 后处理，管控任务执行。项目层可选择查看每个危大工程的具体执行情况，若该危大工程的管控任务都执行完成，则可打印对应单据。

系统对接物联网硬件，实现对监控技术成熟的危险性较大的分部分项工程项（如高支模、深基坑）布置监测设备，设置监控监测预警值（与专项方案预警值匹配），实现

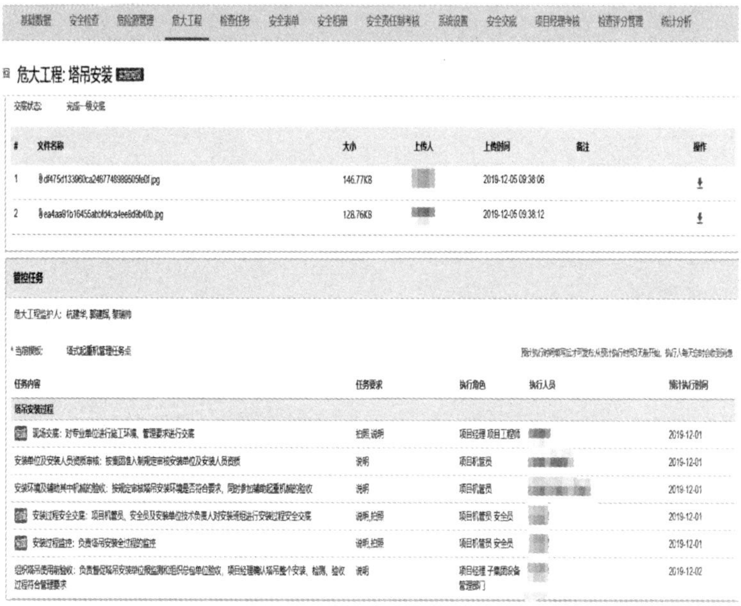

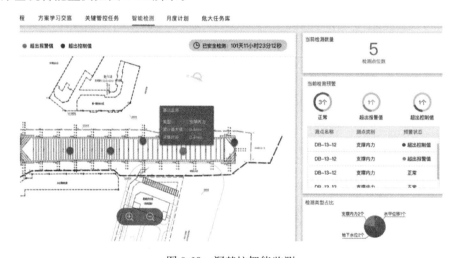

图 3-67　危大工程管控任务

超过预警值自动预警、处置方式及验收结果记录等功能。

深基坑智能监测如图 3-68 所示。

图 3-68　深基坑智能监测

3）安全生产风险管控管理

采用信息化管理手段，建立安全生产双重预防信息平台，具备安全风险分级管控、隐患排查治理、统计分析及风险预警等主要功能，实现风险与隐患数据应用的无缝链接。安全生产风险管控管理提供从风险辨识、风险等级评定、风险分级管控、风险告知全流程的信息化解决方案。生成风险清单、风险评价记录表、风险分级管控清单、风险应对的施工方案、防护措施、检查管理等过程资料。实现安全生产风险管控的清晰、有序、有备监控管理。安全生产风险分级管控如图 3-69 所示。

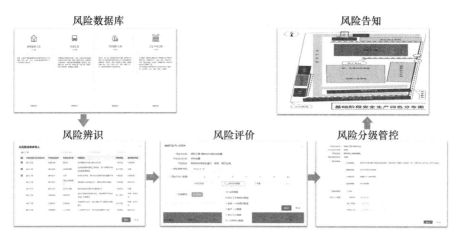

图 3-69　安全生产风险分级管控

4）隐患排查管理

企业和项目部各层级在风险分析管控的基础上，依据确定的各类风险点、危险源的全部控制措施和基础安全管理要求，编制隐患排查清单。隐患排查清单包括基础管理类隐患排查清单和生产现场类隐患排查清单。隐患排查清单主要内容应包含与风险点对应的作业活动及设施、部位、场所、区域名称、排查内容、排查标准、排查方法及频次等。

项目层完成风险管控后，在隐患排查计划界面，项目部需要对每一条风险的排查时间、排查范围进行选择确定，完成后可在网页端导出隐患排查计划表；同时，各责任人手机端将收到隐患排查任务。责任人可在 App 端查看并执行本人的隐患排查待办任务。排查任务按日、周、月分开显示，责任人需要对每条风险进行隐患排查，若排查合格，可点击合格完成排查，并可拍照留底，生成排查记录。手机端隐患排查如图 3-70 所示。

图 3-70　手机端隐患排查

若检查不合格，支持将巡检过程发现的隐患通过 App 发起整改，进入下发整改通知单、进行整改、整改反馈、复查的闭环流程。

安全智能化监控，AI技术平台基于智能视频分析和深度学习神经网络技术，对项目现场进行人工智能化深度学习，无须其他传感器、芯片、标签等，直接通过视频进行实时分析和预警，通过安全帽识别、周界入侵识别、车辆识别、火焰识别、抽烟监测识别、反光衣识别、夜间施工识别、烟雾识别等，让工地更安全、更高效、更规范、更智慧。集成海康威视、大华等品牌高清摄像头画面，通过安全管理系统计算机端、手机端随时随地监控现场。智能识别监控画面中出现的隐患及风险，并及时预警提醒。AI智能识别隐患及风险如图 3-71 所示。

图 3-71 AI智能识别隐患及风险

5）安全资料管理

通过信息化系统实现对安全管理过程的行为信息、安全信息的采集和处置，安全问题整改处理的全过程管理。整改单、通知单、检查台账、风险分级管控各种清单、危大工程管理台账等各种安全管理相关资料，通过系统可自动化生成，并且通过 Excel 导出，极大地减轻安全员内业资料负担。

通过安全信息的采集、处置、安全资料数字化管理，安全资料关联岗位及责任人，实现 CA 认证、电子签章和无纸化管理。

6）企业级安全管理

利用大数据分析，发现企业安全生产工作存在的突出、共性问题，及时研究采取对应措施应对处理。实现由被动监管、事后处理向主动作为、事前预防的双转变。从时间、组织等维度快速、准确、真实地为企业领导层提供不同层次的安全指标数据；及时发现安全风险，避免因安全问题造成进度、成本及社会不良影响；从时间维度把握企业整体安全趋势，便于企业及时调整安全相关计划；从类别维度分析各类安全隐患占比，可使企业有重点地进行安全控制；从组织维度对比各组织安全管理现状并评价其日常管理动作，针对超期未整改问题企业进行对比排名，辅助企业有针对性地进行安全问题督办。企业安全数据中心如图 3-72 所示。

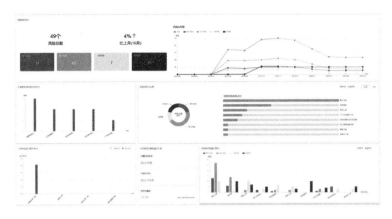

图 3-72 企业安全数据中心

3.4.2.6 设备设施监控

通过物联网设备实时采集环境及能耗数据，实现施工扬尘、噪声、工程污水、用水用电的自动化检测，并反馈至喷淋降尘、降噪等自动控制设备，实现项目环境、能耗实时监测及全方位智能管控。

1）扬尘监测

生态环境监测终端系统集成了 TSP、PM10、PM2.5、温度、湿度、风向和风速、大气压、降雨量等多个环境参数，全天候 24 小时在线连续监测，全天候提供工地的空气质量数据，超过报警值时还能自动启动监控设备，具有多参数、实时性、智能化等特性。通过网络传输数据，快速便捷地更新实时监测数据。基于云计算的数据中心平台汇集了不同区域、不同时段的监测数据，具有海量存储空间，可进行多维度、多时空的数据统计分析工地扬尘。通过 Web 端和手机端，可查看当前实时数据，或以报表、图表的方式检索查看相应的历史记录。

智能喷淋系统实现与雾炮、喷淋等设备控制联动，当扬尘在线系统监测 PM2.5 超过设定的预警值时，启动喷淋降尘系统，能够降低粉尘浓度，改善施工现场环境。环境检查设备如图 3-73 所示。

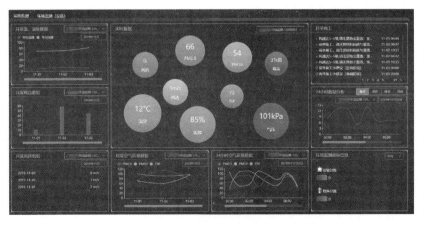

图 3-73 环境检查设备

2) 噪声监测

有效监控建筑工地噪声污染，共建绿色环保建筑工地。除了加强源头管控，采取低噪声的施工设备和施工工艺之外，利用环境噪声监控系统，提高重点噪声污染源在线监测也是一种智能化的方式。通过在工地现场布置环境噪声自动监控设备，内置环境噪声传感器。

施工人员可通过手机 App，查看工地上各噪声监测设备的噪声数据，可查看当前实时数据，或以报表、图表的方式检索查看相应的历史记录。利用环保监测系统的数据进行分析处理并实施报警，为建筑施工行业的污染控制、污染治理、生态保护提供环境信息支持和管理决策依据。

3) 施工用电监测

运用物联网的技术对施工现场临电（各级配电箱）进行综合管理，实现对现场各线路的漏电数据、短路、电箱及线路温度等信息实时监控，在达到预警值时及时报警，降低由用电引发的安全事故。通过现场用电管理拓扑图，实时掌控现场临电线路上各关键节点实时信息和关键数据，从传统作业下的被动式管理变为主动式管理，提高现场用电管理效率。

施工现场临电使用场景变化频繁，不易掌握规律，电工基于既往临电使用信息进行线路维护，譬如接线时充分考虑电箱的过往负荷信息进行决策，减少频繁过载、跳闸等问题的发生。临电线路上发生用电故障的时候，现场电工通过 App 可以实时获取现场故障点及相关信息，并可及时界定故障原因，降低排查成本，提高维护效率。

项目部管理人员通过手机 App 获取现场用电数据，了解用电管理维护状况，提高管理效率。对现场用电数据进行统计分析，形成基于数据的管理决策方式，保障用电安全高效。随时获取不同阶段各电箱的用电数据，便于分包结算及用电统计。

4) 施工用水监测

节约用水是实现绿色建造的关键部分，对于建设工程项目而言，临时用水量主要包括现场施工用水量、施工机械用水量、施工生活用水量、生活区生活用水量及消防用水量，建立良性的水资源循环系统，减少建造施工用水量和污水排放量，是绿色施工的关键举措。通过物联网的方式，使用无线传输功能的施工水表，针对现场用水实时监测，从而采取合理的节水措施，加强用水计量管理，严格控制施工阶段的用水量。

施工现场临时用水智能监测装置，包括用于实时记录水流流量数据信号的若干监测元件、若干控制电箱、信号塔和 PC 客户端。实时检测施工现场水电气等能耗数据，统计各个区域、时间段用水量。智能水表如图 3-74 所示。

根据各阶段用水量的大小判断是否异常，及时排查警示，达到节水效果。

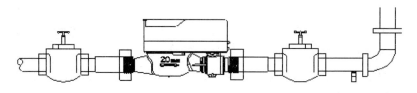

图 3-74　智能水表

5）大型特种设备监测——龙门式起重机

龙门式起重机监控系统由数据监控部分（包括无线主控模块、无线采集子模块、触摸屏和传感器等）和视频监控部分（包括显示器、录像机和摄像头等）、远程监控平台等组成。无线采集子模块将采集的起重量、起升高度、大车行程等数据传至无线主控模块，通过触摸屏进行数据显示、参数设置等。龙门吊监测系统组成如图 3-75 所示。

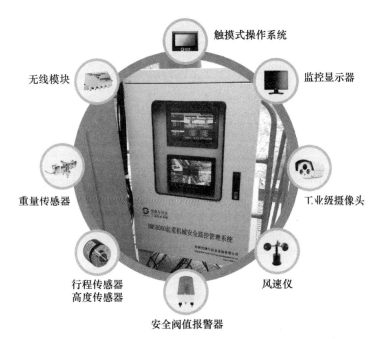

图 3-75　龙门式起重机监测系统组成

6）大型特种设备监测——塔机安全监测

通过塔机监测系统和传感系统对塔机形成监测方案，实现感知、分析、推理、决策和智能化管理控制的硬件功能，解决行业中质量不准、顶升判断、远程运维、小型化等核心问题。通过基础硬件＋平台能力＋AI 能力实现设备智能化管理、项目精细化管理，结合塔机监测平台、项目决策系统、数据价值分析做业务价值。解决用户要有、要用、要安全、要准、要提效、要好管的产品需求。塔机事故分析及应对策略如图 3-76 所示。

7）大型特种设备监测——升降机安全监测

①司机身份生物识别认证：只有司机在监控设备人脸、虹膜验证身份后才能进行设备的作业操作。

②运行数据采集与显示：清晰实时显示升降机运行工况，主要显示的内容有质量、高度、速度、楼层、系统运行状态等。

③开关门保护功能：当升降机前、后门开启时，实现自动控制升降机上升、下降操作，防止升降机开门运行。

④声光报警功能：当发生超载或者前后门超载保护功能异常、接近上下限位时，系统自动发出声光报警，并实现危险行为的自动控制，限制升降机向上和向下运动。

塔机安全监测

塔机常见事故分析

无证上岗
人员未经许可擅自开启塔吊

螺栓松动
塔机链接螺栓松动

起吊超重
起重吊物重量不明，强制起吊

钢丝绳断裂
钢丝绳断丝、断股、丝股挤压变形

违规操作、指挥不明
违章吊装，群塔作业协调不力，指挥失误

盲吊
视线距离远，夜间看不清吊钩，信号工与塔司沟通难

安全监管不力
监管不到位，未能及时发现安全隐患

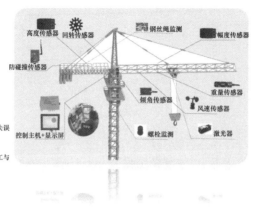

高度传感器　回转传感器　　钢丝绳监测　　幅度传感器

防碰撞传感器

倾角传感器　　重量传感器

风速传感器

控制主机+显示屏　　　螺栓监测　　激光器

应对策略

身份识别
人脸、指纹、应急卡认证

螺栓监测
自锁螺母，松动监测

重量传感器
实时监测并显示起吊重量

钢丝绳监测
监测钢丝绳断丝股状态超限报警

群塔防碰撞
三维群塔防碰撞算法避免危险动作

吊钩可视化、塔机激光定位
自动变焦摄像头，全面了解现场；激光辅助定位

远程实时监管
数据对接智慧工地平台，实时查看，自动预警

GLodn广联达/数字施工·数字建造 建设美好生活环境

图 3-76　塔机事故分析及应对策略

⑤设备参数自动上报：监测数据可以自动上传到智慧工地平台，平台可以看到设备载重、楼层高度、周期信息、采样值等参数。

升降机事故分析及应对策略如图 3-77 所示。

升降机常见事故分析

违规操作
无证上岗、违章违规、不良操作习惯

安全风险
人员超载，物体超载，限位机失控，下滑、刹车失控

高空作业
判断力低，控制力弱

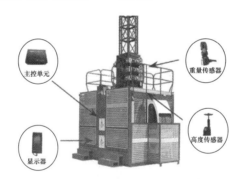

主控单元

重量传感器

显示器

高度传感器

应对策略

身份识别
司机身份人脸识别，规避非法人员操作

安全预警
人员、重量、楼层、速度进行监测，一旦出现风险，及时报警

实时监测
倾斜度、高度实时监测

图 3-77　升降机事故分析及应对策略

8）大型特种设备监测——挂篮安全监测

挂篮安全监控系统是集精密测量、自动控制、无线网络传输等多种技术于一体的电子监测系统，由主机及各类传感器组成，包含平台载重监测及预警、环境风速监测及预警、横/纵向倾斜角度监测及预警等功能，同时通过人机界面将工作平台的工作数据显示给操作人员；即将发生危险时，则自动切断工作平台相应运行方向的电源，同时给出声、光报警，并将数据上传给数据中心，数据中心将接收的数据分析处理后存储到数据库中；监督管理者通过远程平台可以对超载和违章操作次数多、安全管理不到位的人员进行有针对性的监管。

挂篮安全监控系统组成如图 3-78 所示。

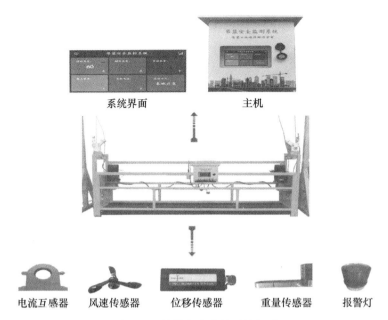

系统界面　　　　　　　　　主机

电流互感器　　风速传感器　　位移传感器　　重量传感器　　报警灯

图 3-78　挂篮安全监控系统组成

3.4.2.7　智能视频监控

智能监控整体方案通过端＋边＋云形式完成架构。

端：IoT 技术——提供更多视频接入可能。

边：边缘计算＋AI——信息处理更快，降低延迟，节约云资源费用，AI 技术落地应用。

云：云技术——结合施工业务场景，整合资源，提供高品质服务。

智能监控如图 3-79 所示。

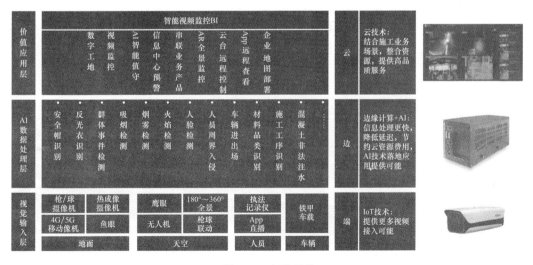

图 3-79　智能监控

根据管理架构，企业视频监控系统可按集团公司平台、分公司平台和工地现场三级构建。

（1）设备位置、人员信息、视频画面、自动告警等现场数据，集成显示，为管理提供决策依据。

（2）流程完成闭环，如视频预警人员进入危险区域，设备语音提示后还未离开，自动通知管理员，管理员喊话现场，监督人员离开区域。

（3）不同人员由不同的权限登录，数据呈现不同。

数字工地——视频监控点位图如图 3-80 所示。

图 3-80　数字工地——视频监控点位图

AI技术平台基于智能视频分析和深度学习神经网络技术，对项目现场进行人工智能化深度学习，无需其他传感器、芯片、标签等，直接通过视频进行实时分析和预警，通过安全帽识别、周界入侵识别、车辆识别、火焰识别、抽烟监测识别、反光衣识别、夜间施工识别、烟雾识别等，让工地更安全、更高效、更规范、更智慧。AI 智能识别场景如图 3-81 所示。

反光衣检测
对项目现场工人未穿戴反光衣进行抓拍，提高一线作业人员的安全防范意识

临边无防护检测
对高处作业场景中作业面是否有临边防护进行监测，针对无临边防护情况发出报警并记录

安全帽检测
对项目现场出入口、作业面等区域人员活动是否佩戴安全帽进行识别，分析和预警

安全带检测
对高处作业场景中人员活动是否系挂安全带进行识别，分析和预警

安全网破损检测
对高处作业施工中的安全网是否破损进行识别，分析和预警

夜间施工识别
自定义监控时段，在监控区域通过红外感应车辆进出场情况、人员作业情况来完成夜间施工判定

裸土覆盖
依据CV技术，对工作面裸土画面进行实时监测，当识别到裸土时，立即触发报警

道路未硬化检测
应用语义分割技术来实现分类标记，识别钢板硬化、防尘网覆盖、泥泞道路、未硬化道路，并对未硬化道路触发报警

车辆清洗检测
车辆未清洗识别依据CV技术，对工地车辆侧面进行实时识别，当监测到车辆出工地未清洗时，立即触发报警

渣土车密闭检测
车辆驶离工地时，监测车厢密闭情况和违规使用安全网覆盖情况

明火检测 在项目现场电路电线，生活区私搭乱建等重点监控区域的火焰进行识别

姿态检测-摔倒预警 对监控区域内人员进行姿态检测，识别人员站、坐、蹲、倒4种姿态，并针对摔倒姿态进行异常报警

抽烟检测 识别近景摄像头下的人员抽烟现象。对违规抽烟现场及时发出警告

烟雾检测 设置警戒区域，检测烟雾的发生，如果发现该异常现象，能够标示出烟雾发生的区域，触发报警

人员周界入侵 识别靠近危险区域的是否为人员以及是否有靠近行为

作业面工序识别 利用高空视角，识别项目作业面区域的关键工序：模板阶段、钢筋阶段、浇筑阶段

人员身份识别 通过对人体特征的分析完成身份识别。该算法综合了行人检测、轨迹追踪等多个算法，在不同角度摄像头之间可跨镜识别

车辆进出场识别 检测到视频或图片中出现的车牌信息，返回识别到的车牌号码及在图片中的位置信息，针对工地各类型黄牌车识别有特别的优势

人数检测 对监控区域（可自定义多变区域，圈定工作面）劳动人员进行动态跟踪检测，实现了解各重点区域现场人员数量

人员聚集识别 可识别厂区内人员聚集情况，聚集人数阈值可自定义，当监控区域人数超过阈值时进行报警

图 3-81 AI智能识别场景

3.4.3 建筑实体数字化

BIM技术是通过建立虚拟的建筑三维模型，对技术管理的内容进行细化和虚拟实现，提升技术管理的直观性、可用性、校验施工技术的可行性。利用数字化技术建立完整的建筑工程信息库，从建设项目涉及的标准资料规范库，对技术文件、施工组织、施工工艺、技术核定、图纸深化优化、技术交底等进行管理，实现传统纸质方式向信息模型结合、信息在线的方式转变。

3.4.3.1 项目标准资料规范库

通过信息化系统，建立标准规范库，涵盖国标＋行标＋地标施工相关所有规范。按照目录章节拆分规范，形成结构化数据、多维度检索。能够快速地查找各类标准规范，极大地提升现场管理人员的工作效率。

支持通过搜索规范名称来定位内容，支持收藏常用的规范便于查看，支持直接筛选内容查看。规范内容还可与现场业务进行关联，比如下发整改单时，选择隐患明细，可查看相关规范中对此隐患的标准要求。在线化项目标准资料规范库如图3-82所示。

同时也能够支持现场的移动办公应用场景（图3-83）。

3.4.3.2 技术文件管理

利用信息化系统在线提交技术文件及审查。系统提供台账管理功能，帮助企业积累方案清单库及优秀方案库，帮助专业人员快速完成方案编制计划。

相关人员利用信息化系统可进行方案项目及企业报审、引用规范库辅助编制方案、引用施工模拟分析方案合理性、随时查看审批进展。该系统具有方案在线编辑功能、技术文件交底管理功能，提供与BIM关联的功能。技术方案在线编审如图3-84所示。

图 3-82　在线化项目标准资料规范库

图 3-83　手机 App 规范查询

图 3-84　技术方案在线编审

3.4.3.3 施工组织管理

利用 BIM 技术对施工组织的创新应用，实现场地布置、工期及相关主要施工工序三维模拟、复核技术方案合理性，降低人为策划错误，优化工期，保证项目最优策划。

建立三维实体模型，运用施工现场布置软件进行三维场地布置。将施工场内的平面元素立体直观化，帮助技术人员更直观地进行各阶段场地的布置策划，综合考虑各阶段的场地转换，并结合绿色施工中的节地理念优化场地，避免重复布置。三维场地模型如图 3-85 所示。

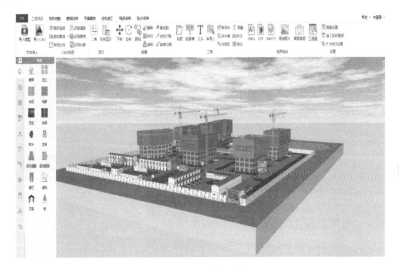

图 3-85　三维场地模型

传统的施工进度计划编制和应用多适用于技术人员和管理层人员，不能被参与工程的各级各类人员广泛理解和接受，基于 BIM 的施工进度模型将施工中每一个工作以可视化形象的建筑构件虚拟建造过程来显示，提高建筑工程的信息交流层次。将三维实体模型、三维场地模型和施工进度计划进行关联，实现 4D 施工模拟对施工进度的模拟控制和更新。对于施工进度的提前或延迟，软件会以不同颜色予以显示（颜色可调整），为项目的进度管控提供参考。基于 BIM 的施工模拟如图 3-86 所示。

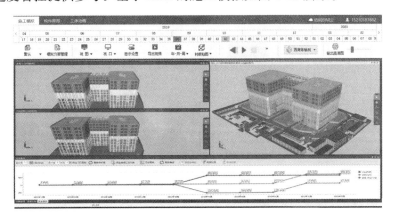

图 3-86　基于 BIM 的施工模拟

将施工方案进行模拟对比，为选取符合实际情况的施工方案提供决策依据。方案三维化，提升编制与交底质量，让方案与交底不流于形式，减少 50% 由于交底不到位导致的返工。

将 BIM 应用于施工计划的验证，对整个施工过程或某一期间内的工序进行模拟，以实现项目整体施工进度或某一节点工期的管理和工艺的控制。

在建筑信息模型中体现工程项目建造过程的施工安全风险点，根据施工进度计划，在施工安全风险工段自动提醒，并通过建筑信息模型中 URL 参数设置提供技术措施计划动画和预防措施提醒。工序动画模拟如图 3-87 所示。

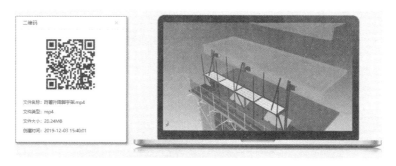

图 3-87　工序动画模拟

3.4.3.4　施工工艺管理

在工艺库工具中，对项目工程中所有构件的施工工艺流程作一个详细具体的规范说明。提供在线查询、下载、传输施工工艺功能，提供上传更新工艺库功能，提供权限分级授权功能。支持同步到手机端，以方便技术人员在施工现场对构件进行管控时具备参考依据。

基于模型，提供复杂节点 BIM 三维展示功能，提供脚手架施工工艺模拟、大型设备及构件安装工艺模拟、预制构件拼装施工工艺模拟、模板工程施工工艺模拟、临时支撑施工工艺模拟、土方工程施工工艺模拟等 BIM 三维展示功能。模板脚手架建筑信息模型如图 3-88 所示。

图 3-88　模板脚手架建筑信息模型

3.4.3.5　技术交底

在单位工程开工前或分项工程施工前由相关专业技术人员向参与施工的人员进行的技术交底，使施工人员对工程特点、技术质量要求、施工方法与措施和安全等方面有一个较详细的了解，便于科学地组织施工，避免技术质量等事故的发生。

为了提高交底效率、保证交底质量，BIM 技术不仅能直观地看到三维模型，还能提供在线技术交底功能。其中包括文档交底和可视化的三维交底。根据施工设计建立施工建筑信息三维模型，并在模型中标注相关的技术参数。支持导入 rfa、rvt、dwg、dwf、nwd、ifc、dxf、skp、dgn、obj、stl、3ds、dae、plv、igms 格式的三维模型制作施工方案交底文件，可在模型上添加文字、图片、文档、音频、视频等资料。通过分解施工建筑信息三维模型，讲解技术参数对施工人员进行技术交底，施工人员通过技术交底反馈意见。三维交底如图 3-89 所示。

图 3-89　三维交底

通过交底统计查询文件查看数量，可按天/按周/按月/最近七天/最近三十天/最近一季度/最近一年/最近两年/最近三年的文件查看数量。支持一键分享到微信、QQ，传播迅速，免权限查看。自动生成二维码，更新交底文档不用重新张贴。手机 App 三维模型展示如图 3-90 所示。

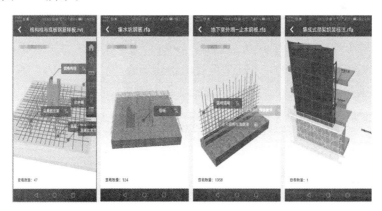

图 3-90　手机 App 三维模型展示

总而言之，BIM 技术交底是对 BIM 技术的一种综合施工应用，将施工数据与技术交底进行结合。通过 BIM 施工模拟的手段，使技术交底不仅简单地以动画形式表现，而是与施工人员进行信息交互，从而使技术交底信息可以运用到施工各个环节。

3.4.4　作业过程管理数字化

要实现作业过程管理数字化需要数字化平台支撑，项目参建各方在同一平台下工作，实现电子签名签章认证、施工作业行为和管理行为数字化、五方责任主体协同管理及数据共享、实时生成数字化档案等功能，平台架构如图 3-91 所示。

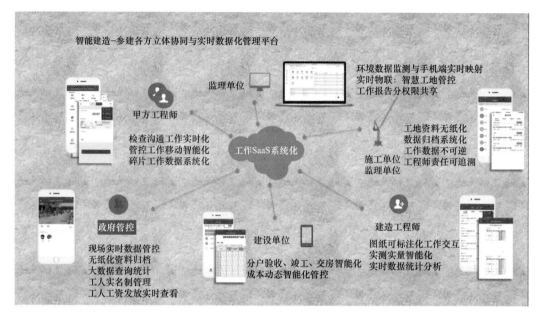

图 3-91　作业过程数字化管理平台

3.4.4.1　电子签名签章认证

项目参建各方及管理系统在项目建设平台上注册认证，通过注册认证的企业由项目建设平台按企业类型开放相应权限；由建设单位在项目建设平台进行项目创建并建立项目基本信息，其他参建各方及项目应用的管理系统按要求通过项目建设平台进入此项目完善相关信息；项目参建各方上传相关印章（如公司章、项目章、执业印章、见证取样章等）到项目建设平台并通过第三方 CA 进行电子签章认证，并授予指定人员对应权限；所有参与工程项目建设的工程建造管理人员由所在单位安排专人负责上传专业资格证书、项目职务等信息到建设平台进行统一认证并取得人员相应的权限；所有参与建设管理人员在项目应用的管理系统上签字后上传至项目建设平台，并通过第三方 CA 进行电子签名认证；经审核认证的电子签名、签章实现文件资料的线上审批。

3.4.4.2　施工作业行为和管理行为数字化

施工报验表格的结构化数据采集：施工管理人员在管理平台上实时采集数据包括实施任务名称、实施任务人员身份信息、实施任务时间、实施地点（楼栋号、单元、楼层）、实施任务工序、归档表格资料、实施任务照片、实施任务录音、实施任务录像、关联图纸、记录表格等行为数据。

施工进度和工程资料同步：基于同一平台的业务协同和多方交互，使得涉及多方的任务可以在系统中自动流转，动态查询。这种交互不再是 N 的平方或几次方交互，而是 N 次方交互。包括现场进度检查、质量巡查、质量验收、安全巡查、人员沟通、会议、通知、工作函件等都能及时通知责任方落实、整改，同时将施工过程进行系统化的记录，实时生成施工管理行为数据、施工作业行为数据，实现了施工进度和工程资料同步。

基于电子签名签章的可追溯体系：项目应用的管理平台对施工现场管理行为数据通过电子签名签章、工作轨迹等手段，对管理行为的人员身份、位置信息、楼栋、任务节点等进行记录留痕且不可逆，实现对工程质量、安全、进度、成本等管理行为进行追溯，杜绝相互扯皮，提高管理效率。

3.4.4.3 五方责任主体协同管理及数据共享

1）五方责任主体的在线签审

在线签审包括工程验收、会议、通知、变更洽商、工作函件、工作日志等；涉及单位包括施工单位、监理单位、建设单位、设计单位、勘察单位、政府主管部门等所有管理人员。

（1）工程验收流程。

检验批验收：施工单位在线发起、填表、验收行为数据、签字→监理单位在线验收、签字。

分项工程验收：施工单位在线发起、填表、验收行为数据、签字→监理单位在线验收、签字。

分部工程验收：施工单位在线发起、填表、验收行为数据、签字→监理单位在线验收、签字→地勘单位在线验收、签字（仅地基与基础分部）→设计单位在线验收、签字→建设单位在线验收、签字。

专项工程验收：施工单位在线发起、填表、验收行为数据、签字→监理在线单位验收、签字→设计单位在线验收、签字→建设单位在线验收、签字。

单位工程验收：施工单位在线发起、填表、验收行为数据、签字→监理在线单位验收、签字→地勘单位在线验收、签字→设计单位在线验收、签字→建设单位在线验收、签字。

项目竣工验收：建设单位统筹参建单位工程主管人员，通过互联网软件对竣工验收前的各项单项验收逐步有序展开，参建单位主管人员按建设单位要求完成各自工作并上传过程资料，参建单位共享验收资料直至所有单项验收合格，参加验收人员可进行线上签转确认验收。验收资料可自动归档相关资料在归档目录下，后经审核选定，报政府主管部门进行竣工验收备案等。

（2）会议流程：会议组织人在线发起会议→参会人员收到通知并在规定时间在线签到→参加会议→会议组织人形成会议纪要→参会单位负责人审阅→会议组织人将会议纪要上传到会议模块。

（3）通知流程：通知发起人在线发起通知→发送给责任单位、抄送给相关单位→责任单位整改→责任单位在线回复整改情况→发起人审核整改情况并销项。

（4）变更洽商流程：发起单位在线发起变更洽商→按拟定流程推送给相关单位审核签认→发起单位存档。

（5）工作函件流程：发起单位在线发起工作函件→发送给责任单位、抄送给相关单位→责任单位发起回复（需要）→发起单位在线审核回复并销项。

（6）工作日志流程：责任人在线填报工作日志→有权限的管理人员在线审核并确认。

2）五方责任主体协同管理及数据共享

五方责任主体基于同一平台注册，并通过平台完成电子签名签章审批、验收等管理行为，同时管理平台实现从开工准备到竣工验收全过程管理，管理工作包括但不限于进度管理、质量管理、实测实量、过程检查、安全管理、监理通知、会议管理、政府巡检、日志、周报月报、问题整改等；系统按照项目管理功能需求，各自形成操作模块，如质量管理、监理通知、会议管理、周报月报、过程检查、问题整改等功能模块，形成的数据和资料均归集到档案数据库中。各功能模块信息可互联互通，数据共享，最终形成完整的管理数据体系。

3.4.4.4　实时生成数字化档案

1）实时生成行为数据

行为数据包括工程管理行为数据和施工作业行为数据。工程管理行为数据包括实施任务名称、实施任务人员身份信息、实施任务时间、实施地点（楼栋号、单元、楼层）、实施任务工序、归档表格资料、实施任务照片、实施任务录音、实施任务录像、关联图纸、记录表格等数据。施工作业行为数据包括施工单位作业实施任务名称、实施任务人员身份信息、实施任务时间、实施地点（楼栋号、单元、楼层）、实施任务工序、实施任务照片、实施任务录音、实施任务录像、关联图纸、记录表格等数据。

2）数字城建档案归档

归档的文件资料在项目管理系统上基于工程管理行为和施工作业行为实时生成，实现工程管理行为、施工作业行为及其相应的工程资料数字化。数字化工程资料附加有相关行为的责任单位、责任人、地点位置、时间、具体的楼栋层段或分部分项检验批信息，以及任务执行时的照片、录音、视频、关联图纸、记录表格等管理行为数据和施工作业行为数据。所有相关数据以电子化形式记录并互相具有关联关系，行为数据结合电子签名、签章，直接作为数字城建档案按城建档案验收标准的要求实时归档。

3.4.5　建筑机器人施工及智能施工装备应用

3.4.5.1　建筑机器人施工及智能施工装备的定义

建筑机器人施工及智能施工装备是专门设计和制造用于替代或协助建筑人员完成特定建筑施工任务的机器设备，主要应用于各类土木工程施工中，包括房屋建筑、道路和桥梁等建筑领域。其提高了生产效率、改善了现场施工环境、降低了用人成本、减少了资源浪费，对建筑行业可持续发展意义重大。

3.4.5.2　建筑机器人施工及智能施工装备的种类

根据分部分项工程，建筑机器人施工及智能施工装备可分为地基与基础施工机器人、主体结构施工机器人、建筑装饰装修施工机器人、屋面工程施工机器人、室外工程施工机器人及其他类机器人。根据机器人属性，建筑机器人可分为施工类机器人、检测监测类机器人、测量类机器人、辅助类机器人等。根据具体施工任务，建筑机器人可以分为混凝土施工机器人、打磨机器人、抹灰机器人、喷涂机器人、安装机器人、搬运机器人、清洁机器人、巡检机器人等。

围绕"设计、施工、运维、破拆"建筑全生命周期，建筑机器人施工及智能施工装备可用于多个具体施工场景。在设计阶段，机器人可以实现智能测绘和设计功能。在场地施工阶段，机器人可以进行场地平整、基础开挖和土方运输等。在结构施工阶段，机器人在钢筋绑扎、浇筑混凝土、条板安装等核心施工环节发挥重要作用。在装饰装修施工阶段，机器人能精确执行涂料喷涂、瓷砖铺设等任务。在运维阶段，机器人可用于建筑清洁、建筑拆除、安全巡检、质量检测和维修等场景。

3.4.5.3 建筑机器人施工及智能施工装备的功能

建筑机器人应用在生产、施工、维护等环节的应用，可以辅助和替代传统的"危、繁、脏、重"施工作业，推动建筑行业向着更智能化、高效化的方向发展。建筑机器人施工及智能施工装备的主要功能见表3-17。

表 3-17　建筑机器人施工及智能施工装备主要功能

名称	功能
建筑机器人	1. 自动化施工 建筑机器人可以自主完成各种施工任务，如砌墙、喷涂、检测等，实现减人或无人工操作，极大地提高了施工效率。 2. 精确度高 建筑机器人通过内置定位系统和传感器，能够实现精确定位和导航，可以精确控制施工位置和速度，确保施工质量和精度。 3. 适应性强 建筑机器人可以适应不同的施工环境和任务需求，灵活调整工作方式，适应复杂多变的施工场景。 4. 安全性高 建筑机器人通过安全传感器和预警系统，能够及时发现安全隐患并进行预警，保障施工人员和设备的安全。在执行危险或高难度的施工任务时，可以有效减少人员伤亡事故，提高施工安全性
智能施工装备	1. 自主感知与判断 智能施工装备通过传感器和计算机视觉技术，可以自主感知施工环境，分析施工任务，并自主判断最佳施工方案。 2. 远程监控与控制 智能施工装备可以实现远程监控和控制，工作人员可以在远离施工现场的地方对设备进行操作和监控，提高施工的便捷性和灵活性。 3、智能诊断与维护 智能施工装备通过集成传感器和智能诊断系统，可以实时监测设备的运行状态，及时发现故障并进行维护，延长设备的使用寿命

建筑机器人和智能施工装备在现代施工中发挥着越来越重要的作用，它们极大地提高了施工效率，减少了人工劳动强度，并且增强了施工安全性。

3.4.5.4 建筑机器人施工及智能施工装备的应用

随着科技的飞速进步，建筑机器人技术及智能化技术取得了显著的发展，推动了建筑机器人领域的创新与变革。如今，建筑机器人的种类和型号日益丰富，为建筑行业的多元化需求提供了强大的支持。建筑机器人凭借其高效、精准和可靠的性能，在建筑施工、材料搬运、监测检验等多个环节发挥着重要作用。

1）混凝土施工机器人

主要适用于楼层、地库、厂房等需要混凝土整平施工场景，能够动态调整使整平精度始终保持在毫米级别，人机配合下整平精度可达到±5mm的标准。能够自动规划路径，实现全自动整平施工，施工工效约100平方米/小时。其工作效率和精度都高于人工，减少工人的工作量，降低了工人的劳动强度。地面整平机器人如图3-92所示。

2）地面抹平机器人

适用于楼面、地库、厂房、机场、商场等需要做混凝土高精度地面施工的场景。采用差速履带底盘和轻量化机身，加上尾部的振捣系统，配合高精度的激光测量与尾板实时标高控制系统可实现高精度地面施工。采用GNSS（全球导航卫星系统），集成智能运动控制算法、操作更平稳、控制更精准，自动化程度高，工人劳动强度降低。地面抹平机器人如图3-93所示。

图 3-92 地面整平机器人

图 3-93 地面抹平机器人

3）抹光机器人

适用于大面积混凝土地面压光、收光的施工。通过智能运动控制算法，融合 GNSS 导航技术，实现混凝土地面抹光作业的自动化施工。采用闭环伺服控制的行走系统，利用地面对两组抹刀的反作用力驱逐机器前进与旋转运动，并自动抹压。相较于传统施工，机器人施工的光整度、密实度更加均匀，施工效率更高，降低了工人的劳动强度。抹光机器人如图3-94所示。

图 3-94 抹光机器人

4）地坪研磨机器人

主要用于去除混凝土表面浮浆，可广泛应用于地下车库和室内厂房的环氧地坪、固化剂地坪、金刚砂地坪施工。通过激光雷达扫描识别出墙、柱等物体位置信息，实现机器人实时定位、自主导航和全自动研磨作业。配备大功率吸尘集尘系统，施工过程基本无扬尘，实现绿色施工。地坪研磨机器人如图3-95所示。

5）地坪漆涂敷机器人

地坪漆涂敷机器人结合激光雷达与 BIM 技术进行定位导航和智能路径规划，可完成环氧地坪漆的底漆、中涂漆以及面漆的施工。通过更换不同的末端机构实现地坪漆施工，可适应多种材料和工艺的施工，实现一机多用，有效提高施工质量和效率并降低施工成本。地坪漆涂敷机器人如图3-96所示。

图 3-95　地坪研磨机器人　　　　图 3-96　地坪漆涂敷机器人

6）ALC 安装机器人

适用于框架结构的分户隔墙、房间分室隔墙、走廊隔墙、楼梯间隔墙、厂房围护墙、隔墙等。配置多自由度末端执行机构，可以进行 ALC（蒸压轻质加气混凝土隔墙板）的举升、旋转、平移、微调等多功能的不同工序的动作，能够实现安装过程的位移微调，精准定位，并进行自动化施工作业，有效提高了现场施工作业效率。具备原地转向与直线与转弯行走移动、遥控抓取板墙、遥控旋转板墙至垂直位置、遥控板墙水平移动、安全急停控制等功能，可通过远程遥控辅助完成板墙的安装任务。ALC 安装机器人如图 3-97 所示。

图 3-97　ALC 安装机器人

7）腻子涂敷机器人

主要用于住宅室内墙面、飘窗、天花板的腻子全自动涂敷作业，适用于普通住宅、洋房、商品房、公寓、办公楼等精装修或工业装修场景。精准控制各项涂敷参数，多系统动态适应不同应用场景，确保涂敷质量稳定。自动生成机器人作业路径，全自动涂敷作业。主要特点是高质量、高效率和高覆盖，可长时间连续作业，能有效降低人力劳动强度，大幅降低引发职业病与发生安全事故的风险。腻子涂敷机器人如图 3-98 所示。

8) 室内喷涂机器人

用于室内墙面、天花板和飘窗的底漆和面漆等水性材料喷涂作业，通过喷涂工艺技术、自动路径规划技术、激光 SLAM（即时定位与地图构建）室内导航和四轴机器人控制，实现自动行走并完成喷涂作业，能够有效减少油漆喷雾对施工人员身体伤害，且施工效率高、施工质量好、喷涂均匀、观感效果好。室内喷涂机器人如图 3-99 所示。

图 3-98　腻子涂敷机器人　　　　　　图 3-99　室内喷涂机器人

9) 测量机器人

主要用于施工实测实量的建筑机器人，采用先进的 AI 测量算法处理技术，通过模拟人工测量规则，使用虚拟靠尺、角尺等完成实测实量作业，具有高收益、高精度、高效率和智能化的特点，自动生成报表，测量结果客观准确，综合工效为 2min/站点，测量效率较人工提升 2～3 倍。测量机器人如图 3-100 所示。

10) 爬壁式钢筋扫描机器人

该装备适用于高大建筑物墙、楼板、立柱、梁、桥梁墩柱等构筑物，钢筋保护层厚度、钢筋间距等参数的测量或筛查；尤其针对重点区域（如隐蔽、高处），检查成本低，风险小，检测效果佳，用途广泛。

爬壁式钢筋扫描机器人（WRDR1.0）主要包含以下三大技术成果：

图 3-100　测量机器人

①轻量装备 plus 一体化设计。首次将爬壁机器人与钢筋扫描仪集成设计，兼顾爬行钢筋检测、空间定位、图像回传、防坠落等功能，自动化程度高；并配备碳纤维超轻机身，低功耗、强适应。

②自主算法 plus 一键式检测。远程操控机器人，一键式贴壁检测，操作便捷，检

测效率高。

③多元呈现 plus 三维可视化。基于建筑信息模型，结合机器人运动轨迹和检测数据，3D 呈现检测结果，效果佳。

爬壁式钢筋扫描机器人如图 3-101 所示。

图 3-101 爬壁式钢筋扫描机器人

3.4.5.5 建筑机器人选用推荐

为加快先进适用的建筑机器人与智能施工装备的推广应用，帮助工程项目科学合理选择相关技术产品，提高建造效益、工程质量和建筑品质，根据重庆市人民政府办公厅《关于印发重庆市智能建造试点城市建设实施方案的通知》（渝府办发〔2023〕53 号）等文件要求，重庆市住房和城乡建设技术发展中心结合重庆市实际，在广泛调研、反复讨论、征求意见的基础上，编制形成《重庆市建设领域建筑机器人与智能施工装备选用指南（2023 年版)》（表 3-18），将建筑机器人与智能施工装备分为推广类和试点类，其中推广类指技术成熟、应用广泛、经济适用的技术产品，试点类指施工效率高、推广价值大、市场空间广的技术产品，鼓励重庆市房屋建筑和市政工程全面选用推广类技术产品，支持工程项目结合实际选用试点类技术产品。

表 3-18　重庆市建设领域建筑机器人与智能施工装备选用指南（2023 年版）

序号	选用类别	产品名称	产品描述	适用场景	应用要点	服务模式
1	推广类	墙板安装机器人	具备自动取板和立板、定位调整、视觉识别、距离和重力感知等功能，用于墙板短距离运输和安装	适用于室内外 ALC 条板、陶粒混凝土板等墙板短距离运输和安装作业	1）优选项目 墙板安装作业总量≥1000m³，经济效益明显。 2）策划阶段 ①优选较大、较厚的墙板，长度 3～6m。 ②建筑空间满足机器人机械臂摆幅的最小净宽、净高要求。 3）应用阶段 ①确保安装地点的地面、墙面、天花板平整、干燥且无明显裂缝。 ②确定墙板安装位置和方向，做好测量和标记。 ③确保角码固定件位置精准，安装牢固	购买/租赁/专项劳务分包
2		墙面喷涂机器人	具备基于 AI 算法规划作业路径功能，用于腻子、乳胶漆等材料喷涂	适用于室内墙面、顶面等场景腻子、乳胶漆等材料喷涂作业	1）优选项目 刮腻子或喷涂作业总面积≥8000m²，经济效益明显。 2）策划阶段 ①室内墙面作业高度宜≤6m。 ②优选少阴阳角的室内空间。 3）应用阶段 ①确保喷涂地点的墙面、顶面等场景满足喷涂条件。 ②运行路径无阻碍物，便于机器人行走。 ③对已安装好的室内门窗做好成品保护	购买/租赁/专项劳务分包

续表

序号	选用类别	产品名称	产品描述	适用场景	应用要点	服务模式
3		地面混凝土整平机器人	用于混凝土地面、楼面初凝阶段的提浆、收面、标高控制	适用于混凝土地面、楼面整平作业	1）优选项目 混凝土整平作业总面积≥10000m²，经济效益明显。 2）策划阶段 ①优选平面规则、少转角的大空间。 ②优选坡度≤10°的地面。 ③需要对地面进行检查和评估，确定地面的平整度和修复需求。 3）应用阶段 清理施工区域杂物，封闭施工区域，确保施工区域安全	购买/租赁/专项劳务分包
4	推广类	地坪研磨机器人	具备实时定位、自主导航、全自动研磨等功能，通过激光雷达扫描识别墙、柱等物体位置信息，用于去除混凝土表面浮浆	适用于环氧地坪、固化剂地坪、金刚砂地坪等研磨作业	1）优选项目 厂房地坪研磨作业总面积≥2000m²，车库、学校、商场、体育馆地坪研磨作业总面积≥5000m²，经济效益明显。 2）策划阶段 ①优选平面规则、少转角的大空间。 ②优选坡度≤10°的地面。 3）应用阶段 ①施工作业面清洁、干燥、无积水、无障碍物，凸起物高度宜≤30mm，沟缝宽度宜≤50mm，便于机器人行走。 ②将墙柱面离地0.5m的高度范围内用薄膜覆盖，对已做好的墙柱底部进行成品保护	购买/租赁/专项劳务分包
5		地坪漆涂敷机器人	通过更换不同功能模块，用于地坪漆的底漆、中漆、面漆涂敷等多种材料和工艺的施工	适用于环氧地坪漆、聚氨酯地坪漆等涂敷作业	1）优选项目 厂房地坪漆涂敷作业总面积≥2000m²，车库、学校、商场、体育馆地坪漆涂敷作业总面积≥5000m²，经济效益明显。 2）策划阶段 ①优选平面规则、少转角的大空间。 ②优选坡度≤10°的地面。 3）应用阶段 ①施工作业面无障碍物，凸起物高度宜≤30mm，沟缝宽度宜≤50mm，便于机器人行走。 ②施工作业面平整度、强度、含水率、粗糙度等均应满足相关要求，达到涂敷条件。 ③施工作业面无积尘、裂缝、积水、浮浆等	购买/租赁/专项劳务分包

续表

序号	选用类别	产品名称	产品描述	适用场景	应用要点	服务模式
6	推广类	防水卷材铺贴机器人	具备控制、行走、轨迹校正、卷材及地面加热、压实摊铺等功能，用于SBS防水卷材热熔铺贴	适用于SBS改性沥青防水卷材热熔工艺铺贴作业	1）优选项目 防水卷材铺贴作业总面积≥2000m²，经济效益明显。 2）策划阶段 ①优选形状规则，大面宽的屋面。 ②需根据凸出屋面的墙体、构架、管道、设备等合理规划卷材铺贴机器人的作业面，机器人无法作业的细节部位需人工协同处理。 3）应用阶段 ①确保施工作业面干燥、平整、无尘、无油污和松散物质，必要时进行清洁和修复。 ②施工作业面平整度满足卷材铺贴条件	购买/租赁/专项劳务分包
7		墙板搬运机器人	具备自动导航、栈板识别和叉取、障碍物识别等功能，用于建筑材料水平运输	适用于ALC条板、材料包、预制构件等建筑材料水平搬运作业	1）优选项目 墙板安装作业总量≥1000m³，经济效益明显。 2）策划阶段 ①建筑空间尺寸满足机器人运载过程的最小尺寸要求。 ②优选坡度≤15°的地面。 3）应用阶段 搬运路径简单，无杂物，地面平整，凸起物高度宜≤50mm	购买/租赁/专项劳务分包
8		管道检测机器人	通过3D高清摄像系统检测管道状况，导入配套的智能评估系统自动产生检测报告	适用于城市地下管网雨水、污水管功能性验收、缺陷检测、全视频监控作业	1）优选项目 管道直径≥300mm的城市地下管网。 2）策划阶段 ①管道内堵塞物≤25%的管道检测。 ②优选管道变形量＜20%，且变形后的净空≥300mm的管道检测。 3）应用阶段 ①运用专业气囊对管道上游进行堵水，防止管道内突发大水。 ②确保管道堵塞物不影响机器人正常运行	购买/租赁/专项劳务分包
9		智能巡检机器人	用于管廊主体结构、设施设备、入廊管线等巡检	适用于管廊、仓储等狭窄空间巡检作业	1）优选项目 光线不佳、空气不良、行走不便等狭窄场景。 2）策划阶段 需保持使用空间干燥，无遮挡物，无线网络覆盖。 3）应用阶段 不宜在环境温度过高或者过低等情况下使用	购买/租赁/专项劳务分包

序号	选用类别	产品名称	产品描述	适用场景	应用要点	服务模式
10		混凝土摊铺机器人	具备激光精准定位、标高自动反应等功能，用于混凝土路面直线、平线和竖曲线摊铺施工	适用于公路、广场、机场道路、码头、桥面等混凝土路面摊铺作业	1）优选项目 桥面、隧道仰拱、路面等混凝土摊铺工程。 2）策划阶段 地形不复杂，道路铺设无特殊设计要求。 3）应用阶段 桥面铺装时，常规滚轴长度要小于桥面铺装1m，两边各空出0.5m，防止污染护栏成品或护栏钢筋	购买/租赁/专项劳务分包
11	推广类	视觉位移计	通过传感器对多点位移进行监测和预警	适用于边坡、桥梁、深基坑、大坝、隧道、堤坝、危房监测等场景结构安全检测作业	1）优选项目 深基坑、边坡等危险性较大的工程及桥梁、道路、隧道工程。 2）策划阶段 科学合理策划监测点位。 3）应用阶段 ①监测仪器应放置在相对平稳的地方，且仪器与靶点间无遮挡物影响。 ②尽量放在外界影响因素小的位置	购买/监测服务
12		湿喷机械手	用于混凝土喷射施工	适用于隧道、边坡等混凝土喷射作业	1）优选项目 隧道长度≥500m，两车道及以上且12m左右的的大断面隧道。 2）策划阶段 ①依据混凝土湿喷工程的工程量大小、受喷面长度、总喷射方量、混凝土型号等，选用相应规格的湿喷机械手。 ②根据施工现场的土质、可通行范围，选择相应的湿喷机械手底盘。 3）应用阶段 需要对喷涂表面进行清洁，去除油污、灰尘和杂质，确保表面光滑和干燥	购买/租赁/专项劳务分包
13		数控钢筋弯箍机	用于钢筋调直、定尺、弯箍、切断作业	适用于建筑、桥梁、隧道、预制构件、钢材市场等箍筋加工作业	1）优选项目 直径6～12mm的冷轧钢筋、热轧钢筋、热轧盘圆钢筋的弯钩和弯箍。 2）策划阶段 ①优选截面相对规整，同一模数量大的钢筋弯箍作业。 ②弯曲角度（正反弯）<180°。 3）应用阶段 ①地面坚实平整，机器5m范围内无杂物。 ②工作环境温度−5～40℃。 ③有稳定的供电设施和必要的保护设施	购买/租赁/专项劳务分包

续表

序号	选用类别	产品名称	产品描述	适用场景	应用要点	服务模式
14	推广类	智能张拉设备	用于钢索、钢管或其他牵引杆材料张拉，能够根据需要自动控制张力大小和稳定性	适用于桥梁、隧道、水电大坝、水利渡槽、楼房、钢构件等先张拉法或后张拉法预应力施工作业	1）策划阶段 依据工程锚具设计要求和张拉速率要求选择设备型号。 2）施工阶段 ①确保预应力张拉过程中油管和控制电缆顺直，防止扯断油管和电缆。 ②应在干燥、无风、温度适宜的环境下施工，同时避免直接日晒或热风吹拂。 ③张拉时千斤顶出力方向45°内严禁站人	购买/租赁/专项劳务分包
15		智能压浆设备	具备自动上料、高速搅拌、低速储料防凝固和泵送注浆等功能，用于搅拌水泥、灰浆和快速水泥灰浆等	适用于道路、铁路、隧道、桥梁等压浆作业	1）优选项目 后张预应力压浆、沥青路面就地冷再生制浆、隧道边坡防护制浆喷浆等。 2）施工阶段 ①应将设备置于清洁干燥处，使用环境温度宜≤40℃，严格防止异物溅入电机内。 ②应配稳压装置和漏电保护装置，禁止在含易燃易爆气体的环境中使用。 ③设备使用过程中，无关人员严禁靠近。 ④接电电缆规格≥6mm²	购买/租赁/专项劳务分包
16		智能混凝土回弹仪	用于结构工程普通混凝土抗压强度非破损检测，自动采集、传输混凝土回弹数据	适用于混凝土质量检测作业	1）优选项目 C20~C60普通混凝土强度检测。 2）施工阶段 确保仪器不会受到撞击、跌落、高温、进水等伤害，并避免在强磁场环境下使用	购买/租赁/专项劳务分包
17	试点类	外墙喷涂机器人	配备模块化和高可靠性工业控制系统，用于外墙涂料施工	适用于乳胶漆、水包水和水包砂多彩漆、浮雕漆等涂料喷涂作业	1）优选项目 外墙喷涂作业总面积≥5000m²，经济效益明显。 2）策划阶段 ①优选平面规则，立面少凹凸，立面分色≤2种，少异形项目。 ②如双机同时作业，需确认最小安全距离。 3）应用阶段 ①机器人施工作业前屋面应尽量未施工防水层、保温层等构造面层，以免机器人悬挂总成破坏已完成的构造面层；若已施工构造面层，需按构造面层核校楼面荷载。 ②外墙5m范围内有硬化地面，无杂物；施工作业面≥6m的范围设置安全围挡；地面有自来水以便混料和及时清洗设备。 ③施工作业面需完成腻子基层施工，基层质量、墙面平整度及垂直度、阴阳角方正度需满足相关要求；施工作业面及相邻外墙面门窗需做好成品保护；离地≤1.5m的墙面，机器人无法完成喷涂，应在机器人完成喷涂作业后，由人工进行补喷。 ④施工进退场需塔吊协助	购买/租赁/专项劳务分包

续表

序号	选用类别	产品名称	产品描述	适用场景	应用要点	服务模式
18	试点类	墙面打磨机器人	具备内墙面打磨、打磨深度检测、粉尘自动回收、自动导航、路径规划等功能，可实现无人全自动打磨修正	适用于混凝土浇筑完成、模板拆除墙面拼缝浮浆打磨及内墙面爆点打磨作业	1）优选项目 墙面打磨作业总面积≥10000m²，经济效益明显。 2）策划阶段 ①室内墙面作业高度宜≤3.1m，门洞净宽宜≥900mm。 ②优选少阴阳角的室内空间。 3）应用阶段 室内立杆全部拆除，场地清扫干净，无杂石、碎料残留	购买/租赁/专项劳务分包
19		地面抹平机器人	用于混凝土初凝后的提浆、压实、收面、标高控制等	适用于混凝土高精度地面抹平作业	1）优选项目 地面抹平作业总面积≥10000m²，经济效益明显。 2）策划阶段 ①优选平面规则、少转角的大空间。 ②优选坡度≤15°的地面。 3）应用阶段 ①清理现场杂物或障碍物，修复混凝土面较明显的凸起部分。 ②使用手持杆测量前置板面水平度数据，确保水平度在-5～10mm之间。 ③用脚轻踩地面，确保踩痕在3mm左右	购买/租赁/专项劳务分包
20		地面抹光机器人	用于大面积地坪混凝土提浆、压实、收面、抹光等	适用于大面积混凝土收面抹光作业	1）优选项目 地面抹光作业总面积≥10000m²，经济效益明显。 2）策划阶段 优选平面规则、少转角的大空间。 3）应用阶段 ①作业区域四周若无可靠围挡，需预留1.5m安全距离。 ②检查作业面是否有裸漏的钢筋、石子等杂物。 ②需抹光的地面平整度满足相关要求，达到抹光条件	购买/租赁/专项劳务分包
21		打孔机器人	具备打孔、吸尘和钢筋自动避让功能，用于机电安装打孔	适用于地库、写字楼等天花板机电安装打孔作业	1）优选项目 地库、写字楼等场景总建筑面积≥10000m²，经济效益明显。 2）策划阶段 ①优选平面规则、少转角，大空间，打孔孔径8～14mm的机电安装打孔作业。 ②优选坡度≤15°的地面。 3）应用阶段 ①作业路径无障碍物，凸起物高度宜≤50mm。 ②需要根据打孔要求，设置合适的打孔参数，如打孔位置、孔径大小、打孔速度等	购买/租赁/专项劳务分包

续表

序号	选用类别	产品名称	产品描述	适用场景	应用要点	服务模式
22	试点类	测量机器人	具备全自动测量、高精度成像、智能报表生成、多维度分析等功能，用于施工质量检测	适用于墙面、地面、天花板平整度、水平度、开间/进深极差等测量作业	1）优选项目 测量空间相对封闭的场景。 2）策划阶段 ①优选混凝土结构、高精度砌块/墙板、抹灰、土建装修移交、装修、分户验收等阶段和环节。 ②测量空间不宜过大，以免影响测量精度。 3）应用阶段 ①作业现场无粉尘，无水喷溅；作业地面应保持基本清洁，无大块垃圾；作业现场应无墙板、窗、砌块等材料及其他杂物堆放。 ②设备需保持水平，在三脚架稳定后才能开始作业。 ③楼板厚度偏差、混凝土强度等需手工补测录入	购买/租赁/专项劳务分包
23		清扫机器人	具备抽气抑尘、自动清扫、路径规划、自动导航、料位检测、垃圾箱翻倒等功能，用于地面清扫作业	适用于室内外地面粒径≤30mm的建筑垃圾清扫作业	1）优选项目 厂房、公建建筑面积≥20000m²，居建建筑面积≥50000m²，经济效益明显。 2）策划阶段 ①优选模板拆除后、毛胚交付前、地库交付前、地砖铺贴前、客户参观前、安全文明施工等场景。 ②优选坡度≤10°的地面。 3）应用阶段 ①地面台阶或凸起障碍物高度宜≤30mm。 ②地面直径≥50mm的孔洞，需人工封盖。 ③作业区域无建筑物料、工具等杂物。 ④施工装修环节后，对于客厅进入卧室存在地面高差的现象，应使用橡胶斜坡垫。 ⑤水浸地面清扫时，需留意水深应≤10mm	购买/租赁/专项劳务分包
24		随动式布料机器人	用于混凝土（布料）及楼板喷淋养护，具有自动、随动、遥控、手动4种模式	适用于挡墙、路面、基础、地库、墙、柱、梁、楼板、屋面板等混凝土浇筑（布料）作业	1）优选项目 混凝土浇筑用量大的项目。 2）策划阶段 合理策划布料机位置及布料路径。 3）应用阶段 ①确保布料环境安全，检查布料区域是否存在潜在的危险因素，如有必要，采取相应的安全措施，如设置警示标志、隔离工作区域等。 ②机器人进退场及使用过程需塔吊等起重设备协助	购买/租赁/专项劳务分包
25		数位靠尺	用于测量绝对角度、相对角度、斜度、水平度、坡度、垂直度等	适用于施工、监测、房屋验收等环节测量作业	1）优选项目 非弧形立面或平面项目。 2）应用阶段 避免在高温、潮湿、尘土较多等过于恶劣的环境中使用	购买/专项劳务分包

序号	选用类别	产品名称	产品描述	适用场景	应用要点	服务模式
26	试点类	智能远程控制塔机	具备空间障碍物感知、远程安全驾驶、同一驾驶人员控制多台塔机系统等功能	适用于建筑工地、大跨度桥梁、水库大坝等吊装作业	1) 优选项目 高层、超高层建筑及其他作业环境恶劣的项目。 2) 策划阶段 ①驾驶舱与塔吊距离不宜过远，之间少遮挡物，以保证通信正常。 ②需合理考虑应用数量、系统权限、作业审批、任务安排等。 3) 应用阶段 确保塔机作业环境安全，检查作业区域是否存在潜在的危险因素，如有必要，采取相应的安全措施，如设置警示标志、隔离工作区域等	购买/租赁
27		建筑废弃物再利用流动制砖车	将建筑废弃物加工转化为混凝土砖、彩色路面砖等再生制品	适用于在建/拆除工程、PC构件工厂、商混站等产出混凝土废渣的场景	1) 优选项目 高星级绿色建筑及大面积旧改项目。 2) 应用阶段 需提供≥120m² 的作业场地	购买/租赁
28		拱架安装机器人	用于隧道全断面或台阶法拱架、锚杆锚网安装	适用于隧道及地下工程等拱架安装作业	1) 优选项目 长度≥1000m，两车道及以上且宽度12m左右的大断面隧道。 2) 策划阶段 优选于Ⅰ～Ⅴ级围岩采用台阶法或全断面法施工，且施工进度综合要求不小于110m/月的隧道工程。 3) 应用阶段 根据安装拱架的质量、安装高度及宽度、现场的最大坡度等参数进行合理选型	购买/租赁/专项劳务分包
29		隧道多臂凿岩机器人	具备精确控制孔位、推进梁角度和孔深等功能，用于较宽隧道凿岩施工	适用于长大隧道及地下工程等炮眼钻设、导管和锚杆钻孔作业	1) 优选项目 长度≥2500m，两车道及以上且宽度12m左右的大断面隧道。 2) 策划阶段 ①优选Ⅰ～Ⅳ级围岩采用台阶法或全断面法施工，且施工进度综合要求不小于130m/月的隧道。 ②不适用于缺水地区。 3) 应用阶段 ①每循环支护宜预留一定工作面。 ②就位区域（一般台车钻臂最前端距离掌子面0.8～1.0m处）平稳坚硬。 ③≥3车道大断面隧道采用2台凿岩台车施工	购买/租赁/专项劳务分包

序号	选用类别	产品名称	产品描述	适用场景	应用要点	服务模式
30	试点类	隧道智能化衬砌台车	用于隧道混凝土衬砌施工,实时监控混凝土浇筑状态	适用于隧道、地下工程等混凝土衬砌作业	1)优选项目 各类隧道及地下工程混凝土衬砌施工。 2)应用阶段 地面坚实平整,安装轨道处地面坡度≤2%	购买/租赁/专项劳务分包
31		智能拼装台车	用于大型装配式隧道构件的辅助安装	适用于公路、隧道等装配式构件安装作业	1)优选项目 质量≥30t的大吨位构件项目。 2)策划阶段 优选装配式隧道、大断面明挖装配式隧道。 3)应用阶段 确保安装地点已施作基础或地面坡度≤2%	购买/租赁/专项劳务分包
32		智能压路机	具备自动预警、紧急停车、自动避障等功能,用于道路压实施工	适用于市政工程道路路基、场地等压实作业	1)优选项目 高等级公路、次干路及以上等级的市政工程道路路基及场地等压实作业。 2)策划阶段 宜用于各种非黏性材料如土壤、砾石、砾土、碎石、沙石混合料、岩石填方以及各种稳定土等路基和路面工程的压实。 3)施工阶段 施工区域信号覆盖且稳定	购买/租赁/专项劳务分包

3.4.5.6 建筑机器人施工及智能施工装备应用展望

建筑机器人施工及智能施工装备的应用正在改变传统的施工方式,为建筑行业带来了革命性的变革。随着技术的不断进步和应用范围的扩大,它们将在未来发挥更加重要的作用,推动建筑行业智能化发展,提高施工效率、质量和安全,向更高效、更安全、更环保、更可持续的方向发展。

(1)结合更先进的触觉、气体、温度等类型的传感器与深度学习、计算机图形识别等技术手段融合,给予建造机器人更丰富的感知能力,在复杂的作业环境下也能让机器人对作业环境和作业内容加以理解。

(2)通过机器学习和人工智能技术,优化控制策略,实现自适应、自主决策和控制,让机器人具备智能决策和灵活控制的能力,实现多台机器人协同、多种类机器人协同的施工模式。

(3)结合先进算法和高程度的集成,机器人操作系统的操作将越来越简单,推进机器人的普及的工人的接受程度。

(4)作业精度更高,通过各类传感器,实现对现场作业精度的准确把控。

(5)适用范围更广,结合先进的机器设备、优化算法,让机器人的使用局限越来越小,更多的施工场景可以由机器人完成。

3.5 信息化管理

随着信息技术的迅猛发展，信息化管理已成为现代工程项目管理的核心。它贯穿了项目的全生命周期，包括立项决策阶段、前期准备阶段、建设实施阶段、验收及结（决）算阶段。智能建造的关键技术（BIM、大数据、人工智能、物联网等）为信息化管理提供了强大的技术支持，显著提升了工程项目管理的效率与质量。

3.5.1 立项决策阶段

3.5.1.1 市场数据分析

在立项决策阶段，收集关于行业动态、消费者偏好、竞争对手情况等信息，通过大数据分析，形成详细的市场分析报告，为项目定位提供数据支持。

3.5.1.2 项目可行性研究

基于市场数据分析的结果，利用人工智能和机器学习技术，结合历史项目数据和知识库，对项目投资回报率、潜在风险、技术可行性等进行预测和评估。

3.5.1.3 决策支撑

在决策过程中，通过数据可视化技术将复杂的数据和分析结果以直观的方式展现出来。通过图表、动画等多媒体形式，可以更加清晰地了解项目的情况，从而做出更加明智的决策。

3.5.2 前期准备阶段

3.5.2.1 设计管理

在设计阶段，通过 BIM 软件建立三维模型，实现各专业之间的协同设计和碰撞检测。设计师可以在同一平台上进行工作，实时查看和修改设计内容，减少设计错误和返工，提高设计效率和质量。同时，VR 技术可为客户提供沉浸式的设计体验，帮助客户更直观地理解设计方案。建筑信息模型协同管理如图 3-102 所示。

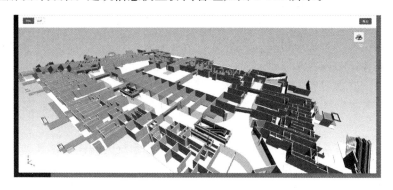

图 3-102 建筑信息模型协同管理

3.5.2.2 预算编制

在预算编制过程中，利用大数据技术，对类似项目的历史数据进行挖掘和分析，实现项目成本预估及智能预算编制。辅助业主单位进行项目投资决策，确保项目的经济效益。预算编制界面如图 3-103 所示。

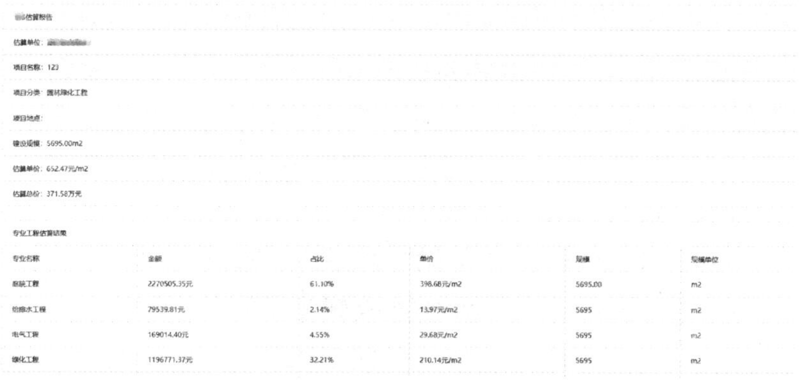

图 3-103　预算编制界面

3.5.2.3　计划管理

根据项目类型和特点，灵活设置重要节点和里程碑，自动生成项目计划模板，并允许在项目执行过程中进行动态调整。同时，实时监控项目的进度情况，设定事前提醒、事中预警、事后考核预警管理机制，发现进度偏差，并及时自动推送预警信息，采取措施进行调整。计划管理界面如图 3-104 所示。

图 3-104　计划管理界面

3.5.2.4　招标管理

在招标过程中，利用大数据与人工智能技术，实现招标文件在线智能生成与编制。确保招标文件编制标准化、规范化，提高招标效率。此外，通过对招标过程进行监管和审计，确保招标过程的合规性和公正性。

3.5.2.5　合同管理

对合同进行起草、审查、签署和履约的全流程管理，通过合同的签订，实际检验项目阶段性工作的成效。在合同的履行过程中，依托合同关联的基础，有效实施收方、签证、核价等成本管理措施，确保项目成本得到有效控制。同时，借助合同作为依据，发起计量和支付流程，确保合同款项的及时支付。

3.5.3 建设实施阶段

3.5.3.1 人员管理

在建设实施阶段，通过人脸识别、GIS定位等技术对人员进行管理。人脸识别技术验证人员身份和权限，GIS定位技术可以实时追踪位置，确保参建单位管理人员按合同约定正常现场履职。

3.5.3.2 安全管理

安全体验：利用VR、AR等技术，通过模拟真实的工作环境和危险场景，提供沉浸式、高效、互动和实时的体验，使施工人员能够更加深刻地认识到安全的重要性，并学习如何正确应对各种安全风险。

岗前教育：每天开工前组织在线岗前教育，为作业人员提供必要的思想引导、安全意识灌输以及操作规程的明确，解决作业人员"最后一千米"的安全思想意识问题。

在线巡检：通过实时巡查功能，支持项目各方快速发现并记录隐患，利用手机拍照上传隐患详情，系统自动生成整改通知并设定整改期限。系统全程跟踪整改进度，确保隐患得到及时整改，并通过复核机制确保隐患消除，形成从发现到整改再到复核的闭环管理流程，确保项目安全顺利进行。

危大工程管理：依托在线平台，确保从方案编制到实施、再到销项监管的每个环节都紧密衔接形成闭合管理。通过全方位的风险评估、精准的实时监控、及时的预警处置以及严格的在线验收销项，确保危大工程安全、稳定、高效地推进。

现场监控：通过布置传感器和摄像头对施工现场全面实时监控，覆盖环境参数、设备运行状态以及人员安全等多个关键领域，同时，利用视频分析智能算法，自动发现施工现场安全隐患。

预警与应急响应：一旦发现安全隐患或异常情况，智能系统立即发出预警信息，并启动应急响应机制，确保施工安全。

数据可视化：将各种数据以图表、表格等形式展示出来，方便管理人员直观地了解施工现场的实时情况。

数据分析：对收集到的数据进行深入挖掘和分析，发现潜在的安全隐患和优化点，为施工决策提供支持。

施工现场监控如图 3-105 所示。

图 3-105 施工现场监控

3.5.3.3 质量管理

建筑信息模型数据深度对比：通过建筑信息模型数据与实际施工数据比对和分析，发现施工过程中的问题并及时进行整改。

数字化材料管理：从材料入库、报验到选样、取样、封样、送样、收样以及检测结果运用，每一步都经过严格把控，确保材料质量的可追溯性和可控性。材料管理界面如图 3-106 所示。

图 3-106　材料管理界面

关键环节线上管理：对于技术交底、隐蔽验收等关键施工环节，实时线上管理。确保所有施工活动都有明确、可追溯的记录，从而实现施工过程的全面透明化和可追溯性。

隐患排查与整改管理：项目各方可实时进行巡查，一旦发现隐患，即刻通过手机拍照上传至系统，系统会立即生成整改通知并设定整改期限。整改完成后，系统将自动跟踪并复核整改效果，确保隐患得到彻底消除，形成完整的闭环质量管理体系。隐患管理界面如图 3-107 所示。

图 3-107　隐患管理界面

质量数据分析：提供基础的数据统计和分析功能，结合大数据和预测分析技术，对施工过程中的质量趋势进行预测，提前制定预防措施，避免潜在的质量问题发生。

3.5.3.4 进度管理

建筑信息模型可视化：进度与建筑信息模型关联，随进度可视化生长。

计划分层管控：在线年度计划、季度计划、月度计划、周计划等多层次管理，每周进度数据实时采集、对比、分析、预警和纠偏，进行进度评审和计划调整，确保短期计划与长期目标保持一致。

3.5.3.5　成本管理

动态管理：通过对项目成本的逐层细化与对比，从最初的估算到最终的决算，实时跟踪项目成本的动态变化，及时发现并处理成本偏差，从而确保项目成本始终保持在可控范围内，有效避免超支风险。

在线流程管理：收方、核价、变更、计量、支付等关键流程均可通过在线方式完成。从流程发起到确认，所有步骤均在线上进行，确保成本数据的实时归集和共享，能快速地响应成本变化，及时做出调整。

3.5.3.6　协作管理

信息共享：通过云平台和移动应用，项目信息实现实时共享，确保所有参与方都能快速访问和更新项目数据，提高沟通效率。

协同编辑与审批：云平台支持多方协同编辑文档，减少版本冲突。同时，提供在线审批功能，加快审批流程，确保工作快速流转。

3.5.4　验收及结（决）算阶段

档案资料自动归集：通过自动化手段将分散在各个环节的档案数据进行整合和归集，确保所有相关的验收文档和资料都被完整地收集起来，方便后续的项目管理和审计。同时，利用大数据分析技术，实现档案的自动分类、存储和检索，进一步提高档案归集的效率和准确性。

结（决）算自动推送：通过内置结（决）算资料需求标准，在施工过程中实时归集项目资料，并智能预警提示缺失或不符合要求的资料。项目竣工后，自动生成结（决）算计划并归集完整的结算资料，通过自动推送功能将相关信息及时发送给相关人员。

工程建设全过程信息化管理借助智能建造的八大关键技术，为工程项目管理提供了全面而强大的支持，从立项决策到验收的各个阶段均显著体现了信息化管理的优势。这些技术不仅提高了管理效率和质量，降低了成本，还增强了项目决策的科学性和准确性。未来，随着技术的不断进步和完善，信息化管理将在工程项目管理中发挥更加核心和关键的作用，我们可以期待更多的创新技术被应用到工程建设中，推动建筑行业向更高效、更智能的方向发展。

3.5.5　建筑产业互联网平台

3.5.5.1　建筑产业互联网平台介绍

建筑产业互联网平台的需求涵盖工程项目管理与协同平台、企业管理、建筑信息模型管理、智能设备监控管理、数据分析与决策支持、项目监管与服务等关键应用场景。通过整合云服务技术，建筑产业互联网平台为工程建设各参与方提供便捷、高效的数字化解决方案，推动建筑产业的智能化转型和升级。

（1）工程项目管理与协同平台：用于管理建筑项目的各个阶段，包括项目计划、资源分配、进度跟踪、沟通协作等。实现参与方协同，提高项目管理效率和质量。

（2）企业管理：为建筑企业提供综合的管理支持，包括项目管理、财务管理、人力资源管理等功能，实现全面信息化管理，帮助企业提高管理效率，降低管理成本，并能够实时监控项目进度、成本和资源分配情况，做出及时的决策。

（3）建筑信息模型管理：平台用于创建、管理和共享建筑项目的数字化模型。集成建筑设计、施工、运营等各个阶段的信息，实现信息共享和协同，提高设计质量、减少施工错误，降低项目成本。

（4）智能设备监控管理：通过建筑中传感器和智能设备的连接，实现对建筑设备的实时监测、数据分析和远程管理。提高建筑设备的运行效率，延长设备的使用寿命，降低能源消耗和维护成本。

（5）数据分析与决策支持：整合建筑项目、设备运行、用户行为等多源数据，利用大数据分析和人工智能算法提供决策支持，帮助提升建筑管理效率和服务质量。

（6）项目监管与服务：利用平台进行建筑产业数据的监管和服务，包括项目审批、监督检查、政策发布等，提高项目监管的效率和透明度。

3.5.5.2 建筑产业互联网平台主要功能

1）信用考评监管（行业监管）

实现对建造监管所涉及的自然人、法人和其他组织，包括企业法人、机关法人、事业单位法人、社会团体法人、其他法人、个体工商户、其他组织的信用信息进行统一集中管理。通过推进"技术融合、业务融合、数据融合"和"跨层级、跨地域、跨系统、跨部门、跨业务"的智能化创新应用，结合智能设计、智能生产、智能施工、智能验收各阶段相关物联网、智能监测、分析等设备的运用，构建统一信用考评体系。建立"一站式"的信用应用服务，为社会公众、从业单位、主管部门提供各项信用信息服务。实现监管内容和监管信息数字化，强化以信用为基础的"互联网＋监管"，实现监管的精准化、规范化、制度化。信用考评如图 3-108 所示。

图 3-108　信用考评

社会公众可通过信用信息服务，及时了解各类社会对象的信用情况，有利于加强社会主体之间了解、规避相关风险，如可以应用到商务往来活动中，降低合作风险。查询的企业信用信息主要包括企业经营情况信息、行政许可信息、优良信用信息、不良信用信息、处罚信息等，个人信息主要包括基本信息、荣誉信息、奖惩信息、资质资格信息等，社会组织及事业单位的信息主要包括基本信息、荣誉信息、奖惩信息等。

社会公众查询获取信用信息既要方便、快捷，同时又要充分考虑信息安全。逐步建立管理端信用应用，作为主管部门对行业内相关企业维护和备案相关数据的应用系统。

2）工程项目全过程数字化管理平台（项目全过程）

工程项目数字化管理子平台，由所有参与工程项目建设的工程技术管理人员统一安排专人负责上传专业资格证书、项目职务职责等信息到项目管理系统进行统一认证并确定人员相应的权限，并按建设工程文件模板格式、权限控制、审批流程完成数字化档案相应的签字签章，实现自动有效的督办和监控。

工程项目全过程数字化项目准入流程如图 3-109 所示。

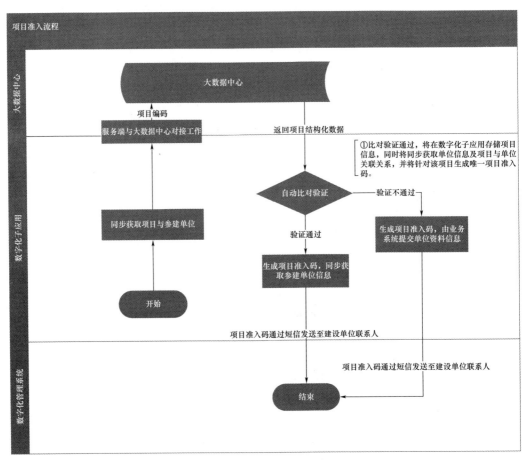

图 3-109　工程项目全过程数字化项目准入流程

工程项目全过程数字化管理包含项目管理行为和施工作业行为，主要分为两部分内容：一是城市建设档案馆归档建设工程文件，其形成的数字化资料会自动进入管理平台；二是工程项目管理过程形成的其他文件资料，如协同办公、日常会议、质量（安全）巡检、整改回复、日志记录、钢筋下料、实测实量、大型机械设备检查、进度计划、界面移交、材料申请、签证索赔、过程结算、分户验收等内容也会在智能施工、智能验收等阶段通过智能系统及智能设备进行自动收集。

3）勘察设计与施工图审查系统（勘察设计阶段）

为加强工程质量安全监管，根据《建设工程质量管理条例》，国家建立了施工图审查管理制度，并开始了施工图设计文件审查工作。为规范施工图审查业务的审查流程，提高施工图审查效率，结合智能设计、智能施工等阶段的智能系统加强工程质量安全动态监管，建立审查机构、审查人员、审查项目基础数据库，提升政府信息公开水平和服务水平。

4）建筑工程施工许可证系统（施工阶段）

企业在线填写"建筑工程施工许可证申请表"。施工单位签署自查合格意见，建设单位、监理单位签署审查合格意见的建设工程开工前安全生产条件审核表，用于企业申办房屋建筑和市政基础设施工程的施工许可证。管理部门审核以后核发、变更、竣工、查询统计、打证相关功能。施工许可证办理流程如图 3-110 所示。

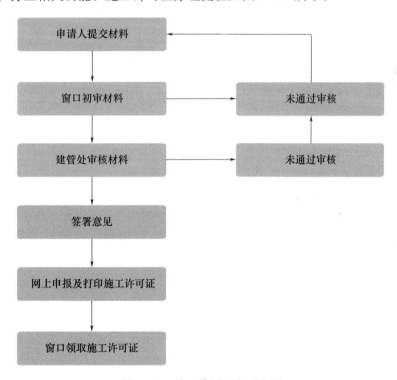

图 3-110 施工许可证办理流程

5）房屋建筑和市政基础设施工程竣工联合验收系统（竣工验收阶段）

遵循"统一申报、统一受理、限时联合办理、统一出具意见"的原则建设，主要包括建设工程质量竣工验收监督、建设工程消防验收、结建人防工程验收、建设工程竣工规划核实、建筑能效（绿色建筑）测评、建设工程档案单项验收等，各职能部门在线接受竣工验收申请，审查相关资料及进行现场联合验收。工程竣工联合验收办理流程如图 3-111 所示。

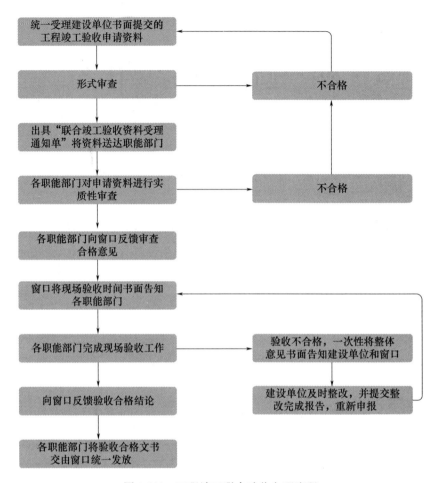

图 3-111　工程竣工联合验收办理流程

4 智能建造两大保障体系

4.1 概　述

随着技术的快速进步，智能建造领域日益依赖精细化的标准规范体系和全面的安全保障体系。这两大体系是确保项目能够按照预定的质量和效率目标顺利推进的关键，同时也是维护数据完整性和操作安全的基石。正如《国家标准化发展纲要》所强调的，推动标准化向数字化、网络化、智能化转型已成为不可逆转的趋势。这种转型不仅涉及建造技术本身，而且包括必要的安全措施，确保智能建造项目在提升效率和质量的同时，也能够保障各方的安全与利益。

目前，智能建造行业面临着由技术快速发展带来的挑战和机遇。例如，大数据、云计算和物联网技术的广泛应用正在重塑行业景观，这些技术不断推动标准化和安全体系向更高水平发展。传统的标准化方法和安全措施已难以完全满足快速发展的行业需求，尤其是在数据安全和系统互操作性方面。此外，数字化转型虽然提升了操作效率，但也对新技术和新标准提出了更高的要求。

为有效应对这些挑战，制定并实施基于新一代信息技术的技术方案和发展建议。这包括开发适应智能建造需求的新标准，利用人工智能和机器学习技术增强安全保障体系，以及通过云技术优化数据存储和处理流程。这些措施将确保智能建造项目在安全、高效且可持续的基础上推进，同时促进行业内标准的统一和升级，增强全行业的竞争力和创新能力。此外，通过整合和优化这些技术和标准，智能建造领域能够更好地适应未来的发展需求，为全球建造业的数字化转型提供坚实的基础。

智能建造的未来发展不仅依赖于技术的革新，更在于如何将这些技术融入实际的建造流程和管理实践中。标准规范体系和安全保障体系的不断优化和创新是实现这一目标的关键。只有当这些体系能够全面响应技术发展的速度和行业的实际需求时，智能建造项目才能实现其真正的潜力，提高建造效率和质量，同时确保所有参与方的利益得到保护。

因此，建议行业领导者、政策制定者和技术开发者共同努力，推动标准规范和安全体系的现代化，确保其能够支持当前及未来智能建造技术的广泛应用。通过这种多方协调和合作，可以有效地面对和克服技术变革带来的挑战，最大化智能建造技术的经济和社会价值。

4.2　标准规范体系

标准规范体系在智能建造中起着核心作用，确保了建造过程中各种技术和材料的兼容性和互操作性，同时也提升整体建造质量和安全性。在数字化的背景下，标准规范体系的重要性更为凸显，因为它直接影响到智能建造技术的应用效率和创新速度。

4.2.1 智能建造背景下存在的问题分析

（1）智能建造涉及产业链长，横向跨越多个行业，标准体系复杂，订立标准考虑因素较多，建立难度较大。

智能建造作为现代建筑业的重要创新，涵盖了从建筑设计、生产、施工、管理等多个环节，涉及建筑工程、信息技术、人工智能、大数据和自动化控制等多个行业。这种跨行业的融合使得智能建造的标准体系变得极其复杂。首先，各个环节和领域都有其独特的技术要求和操作规范，如何在制定统一标准时兼顾各方面的需求是一项巨大的挑战。其次，产业链的长链条和多环节意味着标准不仅要涵盖技术规范，还需要涉及操作流程、质量管理和安全保障等多个方面。此外，智能建造的标准制定需要综合考虑各行业的不同实践经验、技术特点和法规要求，标准的协调和统一需要跨部门、跨行业的广泛协作和深入讨论，这使得标准的制定过程复杂且漫长，以确保制定出的标准具有普遍适用性和操作性。

（2）智能建造属于新兴事务，技术更新速度较快，现行标准较为缺乏，标准订立难以跟上发展速度。

智能建造作为一个相对较新的领域，其技术发展速度远超传统建筑技术。新技术的不断涌现和应用实践的迅速变化使得智能建造领域的标准化工作面临严峻挑战。现阶段，智能建造的相关标准体系尚处于初步构建阶段，许多技术和方法尚未形成成熟的标准。这一现象主要由于智能建造技术的快速演变，使得现有标准难以跟上技术的发展步伐。新技术的出现往往引发新的应用场景和问题，这些变化需要及时反映在标准中，以确保标准的前瞻性和适用性。然而，由于标准制定过程通常较为缓慢，标准的滞后性可能导致技术应用中出现不一致性和安全隐患。因此，如何在快速发展的技术环境下保持标准的及时性和有效性，是智能建造领域面临的重要问题。

（3）智能建造涉技术产品新，行业从业人员接受度低，习惯于传统作业方式，对新标准大面积推行实施有一定阻力。

智能建造引入了许多先进的技术产品和方法，这些新技术对传统建筑行业的作业方式提出了全新的要求。然而，建筑行业的从业人员普遍习惯于传统的施工和管理方式，对新技术和新标准的接受度较低。这种现象主要源于几个方面：首先，传统的作业方式已经在长期的实践中形成了固定的操作习惯和工作流程，新技术的引入需要改变这些根深蒂固的习惯，往往面临心理和实践上的抵触。其次，新技术的培训和推广需要时间和资源，而许多从业人员对于技术更新的积极性和适应能力不足，这使得新标准的推行面临一定的阻力。此外，行业对新技术的理解和应用水平不同，也可能导致新标准的实施效果参差不齐。为了克服这些阻力，需要加强新技术的培训和教育，逐步引导从业人员适应智能建造的工作方式，并通过政策支持和激励机制提升新标准的接受度和实施效果。

4.2.2 智能建造标准体系设计思考

（1）以横竖两个维度建立标准体系，横向覆盖建设全过程，纵向涉及每个应用环节具体技术点。

在智能建造领域，构建标准体系时应从横向和纵向两个维度入手。横向维度应覆盖建筑项目的全过程，包括数字化设计、工业化生产、智能化施工、信息化管理等各个阶段。通过这一维度的标准化，可以确保每个阶段的工作流程和质量控制符合统一要求，从而提高整体项目的协调性和效率。纵向维度则应针对每个应用环节的具体技术点进行详细标准化，例如结构设计、施工工艺、材料质量以及施工安全等。这种纵向细化的标准体系能够对每个技术环节进行精确控制，确保技术应用的规范性和一致性。综合这两个维度的标准体系，有助于实现智能建造项目的全方位、全过程的标准化管理。

（2）围绕"数字化设计、工业化生产、智能化施工、信息化管理"总体思路建立横向标准体系，覆盖建设全过程。

智能建造的标准体系应围绕"数字化设计、工业化生产、智能化施工、信息化管理"这四大核心领域进行建设。首先，在数字化设计方面，应制定标准以规范建筑信息模型（BIM）、计算机辅助设计（CAD）等工具的使用，确保设计的准确性和可操作性。其次，在工业化生产领域，需要建立标准来规范预制构件的制造过程，确保其质量和生产效率。智能化施工方面的标准应涵盖智能设备的使用、自动化施工流程以及施工现场的智能监控，以提升施工效率和安全性。最后，信息化管理应包括对建筑全生命周期的数字化管理标准，以实现数据的集成和共享，优化建筑管理的各个环节。通过这一横向标准体系的建立，可以全面覆盖建筑全过程，实现智能建造的系统性和一致性。

（3）以每个应用为轴起点，纵向建立技术点标准体系，以实现每项技术应用的标准化实施与管理。

在智能建造的标准体系中，需要以每个具体应用为轴心，纵向建立详细的技术点标准体系。这意味着对于每一项应用技术，如建筑机器人、无人机监测、智能传感器等，都需要制定具体的标准和操作规范。这些标准应涵盖技术的选型、性能要求、操作流程、维护保养及故障处理等方面，以确保技术应用的规范化和标准化实施。通过纵向的标准化管理，可以对每项技术的应用过程进行严格控制，保证技术的高效运作和管理。同时，这种方法也有助于解决技术应用中的具体问题，提升技术应用的整体效果和管理水平。

（4）对于新兴技术，如"建筑机器人"等技术产品，先进行市场验证，再进行标准编制、推广实施，保证技术产品的先进适用。

面对新兴技术，如建筑机器人、无人机等，标准的制定应遵循先行市场验证的原则。在这些技术产品正式推广实施之前，需要在实际应用中进行充分的市场验证，以评估其性能、可靠性和适用性。市场验证能够为标准编制提供真实的数据和实际反馈，确保标准的科学性和实用性。经过验证后，再进行标准编制，可以确保标准能够有效地解决技术应用中的实际问题，并适应不断变化的市场需求。标准制定完成后，需通过广泛的推广和实施，确保新技术在行业中的顺利应用。这样的方法不仅保障了技术产品的先进性和适用性，也促进了智能建造技术的健康发展和广泛应用。

4.2.3 智能建造标准体系的发展趋势

1）标准的数字化

随着信息技术的发展，智能建造标准体系的数字化已成为一个重要趋势。标准的数字化不仅意味着标准文档的电子化，还包括标准的智能化和系统化。通过数字化平台，可以实现标准的在线管理、自动更新和实时查询，提高标准的可访问性和应用效率。数字化标准还可以与建筑信息模型（BIM）、物联网（IoT）等技术进行深度集成，实现标准与实际应用的无缝对接。例如，标准中的设计规范可以直接嵌入建筑信息模型中，自动检查设计的合规性；施工现场的传感器数据可以实时反馈到标准执行系统中，确保施工过程符合标准要求。此外，数字化平台还可以支持大数据分析和人工智能技术，通过数据驱动优化标准制定和实施过程，提高标准的科学性和前瞻性。

2）多行业标准整合化

智能建造涉及多个行业和领域的技术，包括建筑工程、信息技术、人工智能、自动化等。因此，多行业标准的整合化成为标准体系发展的关键趋势。传统的标准体系往往局限于单一行业或领域，而智能建造需要跨行业的协调与合作。为了实现这一目标，需要制定跨行业的综合性标准框架，将各行业的标准进行整合，形成一个协调统一的标准体系。这包括对建筑设计、施工管理、材料供应和运营维护等各环节的标准进行整合，确保标准之间的兼容性和一致性。同时，还需要建立多行业标准协作机制，促进各行业之间的沟通与合作，共同推动智能建造技术的标准化进程。通过多行业标准整合，可以实现技术和管理的无缝衔接，提升智能建造项目的整体效能和质量。

3）标准修订常态化

智能建造领域的技术发展迅速，新技术和新方法不断涌现，这使得标准的修订成为一个常态化的过程。为了适应技术的快速变化和实际应用中的新情况，需要建立标准修订的常态化机制。这意味着标准的制定不仅是一个静态的过程，而是一个动态的、持续改进的过程。标准修订常态化包括定期评估和更新现有标准，及时反映最新的技术进展和行业需求。同时，还需要建立反馈机制，收集和分析标准实施中的问题和挑战，根据实际情况进行调整和优化。此外，标准修订的过程应具备开放性和透明性，广泛征求行业专家和从业人员的意见，确保标准的适用性和有效性。通过标准修订常态化，可以保持标准体系的前瞻性和实用性，推动智能建造技术的持续创新和应用。

4.3 安全保障体系

在智能建造领域，安全保障体系是确保项目顺利进行、数据安全和保护投资的关键。随着智能建造技术的广泛应用，尤其是大数据和云计算技术的集成，建立一个全面的安全保障体系变得尤为重要。可以确保智能建造项目能够在充分利用大数据技术的优势的同时，有效地管理和减轻由此带来的安全风险。这不仅保护了项目本身的安全，也维护了企业和用户的利益。

4.3.1 大数据背景下存在的问题分析

在智能建造领域，随着大数据技术的广泛应用，数据管理和安全防护的挑战日益加剧。大量的结构化和非结构化数据的收集、存储和分析带来了诸多安全隐患，例如数据泄露、未经授权的数据访问以及数据滥用等。这些挑战不仅涉及数据本身的安全，还包括整个数据处理和存储系统的安全性。在这样的环境下，数据泄露、未经授权的数据访问以及数据滥用的风险显著提高。

为了具体说明这些问题，可以考虑智能建造项目中的一个实例。在项目实施过程中，大量关于建筑材料、设计规格和工程进度的敏感信息需要通过云平台进行交换和存储。如果这些信息因安全措施不足而被泄露，不仅可能导致经济损失，还可能引发合同纠纷或损害公司声誉。此外，随着项目数据的积累，如何确保这些大量数据在分析过程中不被滥用，也成为一个重大挑战。例如，未经授权的第三方可能试图通过分析数据来预测竞标策略，或者更糟糕的是，黑客可能利用安全漏洞来篡改工程数据，造成严重的安全事故。

在《大数据环境下金融信息安全防范与保障体系研究》中提到的金融行业面临的信息安全挑战也同样适用于智能建造，这包括对敏感数据的保护不足以及对于数据处理活动的监管不当。此外，智能建造项目涉及的多方利益关系人，如合作伙伴、供应商和承包商，也可能增加数据泄露的风险。因此，传统的安全措施，如防火墙和密码保护，已不足以应对现代信息安全的需求，需要更加复杂和动态的安全策略来保护敏感信息和关键基础设施。

4.3.2　基于大数据技术的信息安全防范与措施

应对智能建造中的信息安全威胁需要一套综合的措施，这些措施必须能够适应快速变化的技术环境和日益复杂的网络攻击手段。首先，必须加强数据加密技术的应用，确保所有传输和存储的数据都经过加密处理，以防止数据在传输过程中被截取或在存储时被非法访问。其次，实施多因素认证和细粒度的访问控制机制，确保只有合适的人员在适当的时间使用适当的方式访问特定的数据。此外，部署先进的入侵检测系统和实时威胁分析工具，可以有效监控和预防可能的安全威胁。同时，对于操作的审计和监控也非常关键，这不仅帮助追踪潜在的内部威胁，也增强了系统的透明度和责任追溯性。

在智能建造领域的安全管理中，随着大数据技术的深入应用，保障数据的安全性和完整性成为了一个不可忽视的课题。数据加密技术的广泛使用保证了存储和传输中数据的安全。高级加密标准（AES）和传输层安全（TLS）协议等加密措施被用来保护敏感信息，即使数据被非法访问，也确保其内容不被轻易解读。

访问控制策略的细化也显得尤为重要，通过设定精细的用户角色和权限，确保只有授权的个体才能接触到特定的敏感数据集。通过实施如角色基础访问控制（RBAC）或基于属性的访问控制（ABAC）模型，可以有效地管理和限制对敏感信息的访问，极大地减少了内部威胁的可能性。

网络安全的实时监控也是维护系统安全的关键环节。入侵检测和防御系统（IDS/IPS）以及行为分析工具常用于监控和预防潜在的网络攻击及异常行为，它们通过分析数据传输模式和用户行为模式来识别和防范安全威胁。

此外，安全信息和事件管理（SIEM）系统的整合对于提升安全监控和事件响应能力至关重要。SIEM系统通过整合和分析来自整个IT基础设施的安全日志和数据，提供了一个全景式的安全事件监控和响应平台，使安全团队能够迅速识别并处理安全威胁。

加强对参与智能建造项目的所有员工的安全意识和操作技能的培训，是增强整个项目安全的基石。定期的培训和教育可以帮助团队成员更新对最新网络安全威胁的认知，同时掌握必要的预防和应对措施。

4.3.3　基于大数据技术的智能建造安全保障体系设计

设计一个基于大数据技术的智能建造安全保障体系是一项复杂且多维的任务，涉及技术、管理和法规多个层面。该体系旨在通过一系列协同的措施，确保智能建造项目在数据密集的环境中既能高效运作又能保障数据和系统的安全。

在技术层面，安全体系设计应聚焦于数据的完整性、保密性和可用性。利用先进的数据加密技术保护数据在存储和传输过程中的安全，同时，部署综合的网络安全解决方案，如防火墙、入侵检测系统（IDS）、入侵防御系统（IPS）和安全信息事件管理（SIEM）系统，形成一个多层防护的安全网络。此外，实施细致的访问控制策略，确保只有授权用户能够访问敏感数据，且通过多因素认证增加安全性。

从管理角度来看，建立一个全面的数据治理框架至关重要。这包括数据分类、风险评估和制定严格的数据处理政策。数据治理策略需要清晰地界定谁可以访问数据，何时可以访问，以及如何处理数据，确保所有操作都在监管框架和合规要求之内。同时，监控和审计机制的建立可以帮助及时发现并应对安全问题，从而减少潜在的风险。

法规遵从性也是安全保障体系设计中不可或缺的部分。智能建造项目需要符合国家和国际的数据保护法规，如欧盟的一般数据保护条例（GDPR）等。确保法规遵从性不仅有助于保护个人和企业的数据免受滥用，也能提升企业的信誉和客户的信任。

教育和培训是保障体系成功实施的关键。定期对项目参与者进行安全意识和技能培训，使他们了解当前的安全威胁和必要的防护措施，是提高整个项目安全性的有效方式。此外，持续的安全文化建设可以加深员工对安全重要性的认识，从而在组织内部形成自觉遵守安全规范的氛围。

5 智能建造技术综合应用案例

5.1 智能建造综合应用案例（一）

5.1.1 项目信息

团结湖数字经济产业园项目位于成渝双城经济圈核心区域——重庆市江津区双福新区，是重庆市市级重点项目、重庆市首批两个全国 EOD（生态环境导向的开发模式）试点项目之一，也是重庆市首批智能建造试点项目，建成后将辐射带动周边形成数字产业集群，加快西部科学城产业转型提质，培育高新技术和战略性新兴产业，推动经济高质量发展。项目占地约 100 公顷，包括智能制造基地、研发创新基地、滨水会展中心、享堂小学改扩建、市政道路、污水处理厂、公园及园区信息化等 17 个子项目，总建筑面积约 51.15 万 m^2，总投资约 48 亿元。以产业规划、城市规划为引领，对园区产业及功能精确定位，着力推动绿色低碳、装配式、智能建造及智慧运营的创新应用，打造全国 EOD、绿色低碳、数智化示范园区。

为落实重庆市和江津区的数字重庆战略部署，团结湖项目作为重庆市首批智慧建造试点项目，旨在以项目建造效率效益最大化为目标，结合中冶赛迪智能建造全过程项目管理平台与智能化施工设备（含建筑机器人），以数字孪生呈现为亮点，以数字化设计驱动采购、施工为核心，以智能施工设备（含建筑机器人）替代"危、繁、脏、重"为探索应用场景，以数据全过程贯穿为主线，以质量、安全管理为重点，以流程再造为保障，打造数据驱动的新型智能建造模式。作为赛迪城建近年来最为核心的业务，以 PPP＋EPC 的模式先天具备全流程的数字化应用支撑，作为智能建造标杆项目打造是具有深刻意义的。此外，相比于科学中心智慧建造的数字化技术、平台与业务的初级融合探索，团结湖智能建造除了标杆项目的打造，更旨在探索真正的设计施工一体化、以数据驱动业务决策实现降本增效，并在此过程中，形成 1～2 个赛迪自主知识产权的"轻"系列数字化平台产品和 N 个智能建造典型应用场景，进一步辐射提升公司数字化转型基础能力建设。项目介绍如图 5-1 所示。

5.1.2 数字化设计

5.1.2.1 建筑信息模型（BIM）技术

利用建筑信息模型进行施工图设计阶段三维审查及管线综合优化，提前解决设计施工问题 416 项；通过前置施工与费控需求，通过建筑信息模型输出 145 张工程量报表辅助项目造价概算和预算；通过数字化交付技术，所有必要信息均在模型中表现得一清二楚，让施工任务更加直观、清晰，减少下游人员（加工、制造、施工及运维等）对设计

图 5-1　项目介绍

的理解时间及偏差。

在项目滨水会展中心采用三维参数化设计辅助设计决策与优化。从概念阶段基于场地轴线、游人容量等数据分析，得出初步空间排布方案；方案阶段通过干扰曲线及关键参数设置优化建筑形态，在不改变建筑外观形态的情况下，将屋面板材类型由上万种优化为 80 余种，将屋面双翘曲面板优化为直板，节约了该子项外立面约 12％ 的投资，并同步输出工程量、安装定位及构件编码等设计全量数据。

同时，为满足施工阶段数字化管理应用需求，建筑信息模型按进度、质量、成本管理需求进行了拆分，录入相应信息，使模型信息颗粒度与业务需求对齐。团结湖项目数字化设计如图 5-2 所示。

参数化分析与设计

基于场地条件的输入，智能化分析 辅助概念方案设计

借助自动计算工具或编程开发，验证 优化结构、构造设计

构件参数化优化，减少双曲板与板件 种类，导出加工参数，无缝衔接生产

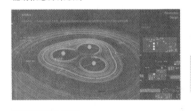

结构受力计算　　龙骨大小预判

屋面汇水分析　　玻璃形状拟合

屋面板件由上万种优化为60种

智能化协同会审

智能校审软件自动审查碰撞、净高、合规等问题，协助设计、施工各专业，基于轻量化全专业合模协同会审

模型同步算量

模型修改同步得到工程量对比，精准把控方案变化对成本影响

合模问题协同会审　　　智能校审　　　幕墙优化同步算量，控制曲面板面积

图 5-2　团结湖项目数字化设计

5.1.2.2　逆向建模技术

针对整个园区，执行设计前、建设中、建成后三次倾斜摄影实景数据采集，形成园区 CIM 平台数据档案。基于设计前实景模型，对各子项目地块进行局部等高线提取，

作为概念设计输入条件；并将概念体量与实景模型融合评判，辅助方案评比。建设中实景模型作为智慧建造数字化管控的数据底座；建成后的实景模型则作为运营平台的数据底座。

针对各子项目，在土方平整阶段，定期采集地块内倾斜摄影实景数据，通过实景建模、DEM 提取、DEM 对比，得到土方挖填数据，作为土方施工量的参考值。

针对钢结构网壳、异形幕墙工程及重要空间室内装修工程，借助激光扫描逆向建模，进行施工实际与设计模型比对，分析施工误差与调整方案。

5.1.2.3 模拟仿真技术

基于土建与管综建筑信息模型，结合可视化仿真渲染，对车位排布、车库标识系统设计以及泵房等重要设备间空间的合理性，进行沉浸式的体验与验证，优化车位数量、改善停车舒适度、减少进出车辆行车线路交叉；评估泵房设备维修空间预留合理性。

基于全专业整合模型（根据现场施工反馈情况同步更新）进行精装修设计，使精装设计能够真正贴合实际的空间净高、设备末端；并通过实时渲染呈现设计效果，实现高效的方案汇报与细节敲定，使每个细节在设计中就得到充分考虑，疑难问题不留到施工中。

5.1.2.4 人工智能设计技术

借助"轻尺"高效设计工具集的智能审查功能，对消防疏散、防火分区、门扇开启空间等设计项进行智能审查，辅助优化此类问题 40 余项。

5.1.3 工业化生产

本项目作为技术复杂装配式建筑，项目成体系应用预制叠合梁、空腔柱、装配式混凝土空心楼板，并研发了新型空心楼盖产品技术的成套生产、施工配套工艺，编制重庆市地标《装配式混凝土空心楼盖结构技术标准》，组织装配式新技术观摩会，在建筑产业化领域起到良好的引领和示范效应。同时，因为构件质量大、数量多，也对我们的管理提出了更高的要求。

因此，本项目针对预制构件集中管控的问题进行了深入探讨，提出了以设计牵头的工程总承包管理方案。基于三维设计的构件匹配唯一编码，整合多企业、多类型、多阶段构件信息，智能生成构件数字档案库，通过构件信息在设计、生产、施工、运维全生命周期的贯穿，实现构件质量信息可溯、安装位置可视、建设历史可查，赋能项目"一模到底"能力建设，共收集了 11000 余条厂家信息用以辅助 PC 构件可视化跟踪管控，并利用 BIM 云协同平台实现构件的精益建造管理。通过案例实践，验证了该方案的可行性，并展示了实施过程中的问题及解决方案。研究发现，完善编码标准、搭建数字化平台以及实现数据集成等是提高预制构件集中管控效率和质量的关键措施。这些措施有望推动建筑业的转型升级，实现更高效、更精细化的管理。同时，本项目也强调了建立奖励机制以提高企业参与积极性的重要，为建筑业的工业化发展提供了有益的探索和实践经验。团结湖项目工业化生产如图 5-3 所示。

跨企业、多类型PC构件集成管控平台-技术路径

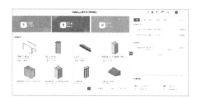  

基于三维部品部件模块化库快速响应部品部件
设计方案，指导三维构件深化设计及加工

基于构件编码"唯一身份证"，
保障数据在各参建方传递

基于建筑信息模型，可视化展示部品部件设
计、生产、运输、吊装及验收各环节状态

精准化构件
生产规划 - - - - - - ▶

各环节集成
化数据 - - - - - - ▶

精细化
项目管理

 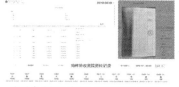 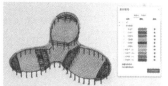

基于构件库的标准化设计，提升
项目部品部件应用场景

打造赛迪构件信息跟踪溯源管理系统，
集成产业链供应商构件数据

通过数字化手段呈现跨供应商部品部件的
状态实时跟踪，提升施工感知精准能力

图 5-3　团结湖项目工业化生产

5.1.4　智能化施工

5.1.4.1　智能施工管理技术

项目满足三星级智慧工地建设标准，其中智慧工地云平台以智能化＋数字化技术为核心，实现了互联网＋工地的跨界融合及工地管理的绿色化、数字化、精细化、智慧化。

（1）人员管理方面，云平台对所有从业人员进行了实名制管理，对所有从业人员进行详细登记，共接入管理人员数据344条，劳务人员数据9821条。系统实时监控、查询、统计各个工种的出工情况，确保人、证、册、合同、证书相符且统一，使总包可全面掌握劳务分包人数、情况明细，并支持与建委智慧工地系统进行无缝对接，保证数据的互联互通。

（2）设备管理方面，云平台对所有机械设备实施了全面监控，建立了机械设备的统一信息数据库，基于传感器技术、嵌入式技术、数据采集技术、数据融合处理、无线传感网络与远程数据通信技术，高效率地实现了建筑塔机单机运行和群塔干涉作业防碰撞的实时监控与声光预警报警功能，能在报警时自动触发手机短信向相关人员报警，同时自动中止塔机危险动作。从技术手段上保障了对塔机使用过程和行为的及时监管，切实防范、管控设备运行过程中的危险因素和安全隐患，有效地防范和减少了塔机安全生产事故发生。

（3）环境监测方面，云平台全面监控噪声、扬尘、污水和气象等参数，并通过数据采集、传输和处理系统向信息监控平台上传数据并进行历史数据分析。监测系统还可控

制现场喷淋设备自动调节扬尘和温湿度，确保施工安全和环保合规。

（4）在安全管理方面，云平台采用中心侧 AI 推理技术对现场人员和物料行为进行监控，识别包括未佩戴安全帽、烟火焚烧和行人入侵等，累计收集预警 10634 条，有效避免了安全事故的发生。安全巡检系统支持安全员实时上传问题数据，自动生成整改通知单，并实现整改过程的闭环管理，以及日常安全监管和紧急事件应急响应，累计生成巡检记录 978 条、安全日志 1524 条，确保了现场安全管理的高效与规范。此外，通过在线平台实现安全教育培训和全过程信息化管理，包括学习计划、执行情况和考核结果。

（5）质量管理方面，云平台支持管理人员使用移动端进行质量巡检，平台自动生成电子整改通知单并指派责任人进行整改，项目累计收集巡检报告 771 条，形成了数字化的闭环管理。此外，利用智能测量设备进行实测实量，数据自动上传并分析，提高了项目管理效率和质量控制的准确性。

（6）数字化应用方面，通过无人机和 3D GIS 软件构建了精确的三维 GIS 模型，利用 BIM 建模软件对施工方案进行虚拟推演，将建筑信息模型成果整合进方案，明确工序关键点。此外，项目建立了统一的电子化资料管理平台，优化了文件管理，实现了设计图、施工方案等关键文件的在线编辑、共享和更新。同时，自动收集、存储并归档所有项目管理和施工数据，支持竣工文件的在线检索和分享，确保了信息的长期保存和便捷访问。

（7）创新应用方面，项目建设了 AR 实景地图应用平台。利用 AR、人工智能等技术手段以及 AR 鹰眼和 AR 高空球机等设备，将各监控前端采集的信息汇聚，通过视频与业务、视频与数据的结合，在视频中将监测人员、静态设施、视频、图片等关键目标要素有机结合，通过可视化手段展示关注信息，形成一体化的综合信息应用体系，构建面向全员、覆盖全域的综合立体可视化系统，将监控数据进行分类汇集，实现工地项目可视化、全景化监管，大幅提升现场协同管理效率。AR 鹰眼智能化施工管理如图 5-4 所示。

图 5-4　AR 鹰眼智能化施工管理

5.1.4.2　建筑机器人

项目探索应用了10余种建筑机器人及智能装备，包括地坪研磨、混凝土整平、混凝土抹平、地坪漆涂敷、条板搬运及安装、墙面处理等替代人工的施工类机器人，钢筋检测爬壁、缺陷检测爬壁、超声波对测爬柱、管道检测等检测类机器人。建筑机器人应用总结见表5-1。

表 5-1　建筑机器人应用总结

序号	机器人名称	应用阶段	应用范围	优势	不足
1	地坪研磨机器人	装饰装修	1. 研发 A2 号楼、B4 号楼金刚砂楼面约 16000m² ； 2. 智能 A1 号楼、A2 号楼金刚砂楼面约 6000m²	（1）具有自动研磨作业、自动停障、自动吸尘集尘、尘满保护、随动放线、一键收线等功能； （2）可进行多机协同作业，施工过程基本无扬尘，整机具备 30mm 的越障能力，50mm 的越沟能力，以及具备 15°爬坡能力； （3）作业效率可达到 248m²/h	（1）边角及较陡的汽车坡道需要人工辅助处理，更适用于大空间的厂房； （2）机器较为笨重
2	地面整平机器人	主体施工	1. 滨水会展中心车库现浇顶底板约 6000m² ； 2. 智能 B1 号楼、智能 B5 号楼、B6 号楼楼面约 7000m²	（1）精准控制标高，人机配合下施工作业面平整度可达到 ±5mm 的标准。 （2）施工工效≥100m³/h，且大部分工作面一次成型	（1）坡面及边角需要人工辅助处理； （2）板面结构复杂或孔洞较多时效率较低； （3）标高无法控制仍需人工校核
3	地坪漆涂敷机器人	装饰装修	滨水会展中心环氧地坪约 2000m²	（1）具备缺料呼叫、大面积刮涂、自主导航、物料自动混合、精准出料及地面高低起伏自适应等功能； （2）整体作业效率提高 5 倍左右，人工成本降低约 50%	（1）边角需要人工辅助处理； （2）对基层墙体的平整度要求较高
4	爬壁弹性波检测机器人	质量检测	1. 滨水会展中心车库剪力墙约 1000m² ； 2. 研发 A2 号楼、A3 号楼、B4 号楼、B5 号楼剪力墙约 3000m²	（1）供电持久，直接采用电线连接电源，无电量焦虑； （2）爬升力量较大； （3）减少人工投入	（1）电源线供电，断电后设备缺少保护措施，如爬升至较高位置有高空坠落风险； （2）爬升高度受电线长度及质量限制
5	爬壁式钢筋扫描机器人	质量检测	1. 滨水会展中心车库剪力墙约 1000m² ； 2. 研发 A2 号楼、A3 号楼、B4 号楼、B5 号楼剪力墙约 3000m²	（1）全向驱动、灵活便捷； （2）操作简便； （3）数据实时更新； （4）检测成本低，危险性小	（1）使用条件有限，须保证墙面相对平整，如墙面无锚杆及其他凸起等； （2）电池供电，电量较少时存在爬升力量不足的情况

续表

序号	机器人名称	应用阶段	应用范围	优势	不足
6	超声波爬柱检测机器人	质量检测	1. 滨水会展中心车库现浇柱约20根; 2. 研发A2号楼、A3-3号楼现浇柱约60根	(1) 减小人工成本投入; (2) 便于柱面爬升	(1) 对待测柱子尺寸要求严格,仅适用于特定尺寸的柱子; (2) 设备组装时间相对较长
7	条板搬运机器人	主体施工	研发A2号楼、B4号楼、B5号条板隔墙约1000m²	(1) 零接触搬运; (2) 爬坡零损耗搬运; (3) 1.2t运载能力+5cm越障	高度、质量均有限制,超高厂房应用不便
8	条板安装机器人	主体施工	研发A2号楼、B4号楼、B5号条板隔墙约1000m²	(1) 500kg夹取; (2) 续航能力较强,可满足8h左右的供电工作; (3) 360°全向移动	高度、质量均有限制,超高厂房应用不便
9	数位靠尺	质量检测	全地块均有使用	(1) 操作简单; (2) 具有通信功能的数显模块等	数据集成能力还需进一步优化
10	高分雷达机器人	管线检测	智能A、B管线检测超1000m	(1) 操作简单; (2) 无损检测地下管线	检测深度有限

团结湖项目智能化施工如图5-5所示。

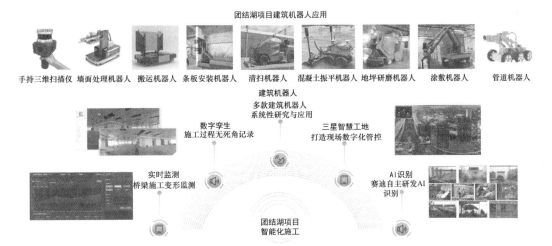

图 5-5　团结湖项目智能化施工

在团结湖项目中,机器人技术得到了广泛应用(图5-6),为项目的高效推进和精准实施提供了强有力的支持。这一创新举措不仅提高了施工效率,还降低了安全风险,充分体现了智能建造的优势。

施工项目中,机器人主要在主体结构施工、装饰装修、质量检测等环节发挥了重要作用。通过自动化辅助程序,混凝土整平机器人、条板搬运及安装机器人等在主体

图 5-6 地坪研磨机器人的应用

结构施工中实现了快速且准确的建造作业，大幅缩短了工期。在装饰装修环节，地坪研磨机器人、涂敷机器人等能够精确控制作业精度及材料配比，提高了施工质量。此外，高分雷达、管道检测机器人、爬壁钢筋扫描机器人、爬壁弹性波检测机器人等通过精确的编程和高效的执行，在"高、危、深"等应用场景大放异彩，为夯基提质保驾护航。

值得一提的是，机器人在安全检查方面也发挥了重要作用。通过搭载先进的传感器和图像处理技术，机器人能够实时监测施工现场的安全状况，及时发现潜在的安全隐患，并通过智能分析系统提供预警信息，为施工管理人员提供有力的决策支持。

机器人的成功应用，不仅提高了施工效率和质量，还有效降低了人力成本和安全风险。未来，机器人将在更多施工环节发挥关键作用，向智能化、绿色化方向发展。

5.1.4.3 智能施工装备

（1）视觉位移计：视觉位移计是一种基于计算机视觉技术的测量工具，它通过对物体或结构进行连续拍摄，获取图像数据，并利用图像处理技术分析物体的位移和形变。在团结湖水库二桥的施工过程中，视觉位移计被用于实时监测桥梁关键部位的位移和形变情况。在施工期间，通过视觉位移计对桥墩和主梁进行实时监测，及时发现并处理可能出现的位移异常，确保桥梁结构的稳定性。通过使用视觉位移计进行实时监测，施工团队能够及时发现并处理桥梁施工过程中的问题，确保施工质量和安全。同时，视觉位移计提供的数据也为施工团队提供了宝贵的参考信息，有助于优化施工方案和提高施工效率。

（2）三维扫描仪：团结湖数字经济产业园滨水会展中心钢网架结构是会展中心的核心组成部分。为确保施工质量和进度，项目团队引入了先进的三维扫描仪进行精细化施工管理和质量控制。扫描生成的三维模型与实际施工情况高度吻合，为施工团队提供了精确的数据支持。通过对比设计图纸与扫描结果，及时发现并纠正了施工中的偏差。扫描数据还用于指导后续的焊接和吊装工作，确保了钢网架的施工精度和安全性。装饰阶段，扫描结果与设计图纸进行对比，确保装饰材料安装的准确性和平整度。

（3）JARVIS（贾维斯）鹰眼：设计师利用JARVIS鹰眼技术，将建筑信息模型与实际施工场景进行对比。通过鹰眼拍摄的实际施工现场图像与建筑信息模型的细致比对，设计师能够迅速识别出施工中的任何偏差。施工现场团队接收到问题清单后，会立即进行现场复核，并针对问题进行调整和处理。这种快速响应机制确保了施工过程中的问题能够得到及时解决。目前，JARVIS鹰眼系统每两周对施工现场进行一次全面拍摄，记录施工进度和现场情况。这种定期的监控机制有助于及时发现并纠正施工中的偏差，确保项目按计划推进。现在系统里已经记录了上百条设计师的意见和施工现场的回复。这种高效的问题识别与处理流程，显著提升了项目的施工质量和进度。

（4）数位靠尺：数位靠尺具有高精度、实时监控、数据自动处理等优势，能够显著提高施工效率和质量。同时，数位靠尺操作简单，易于上手，降低了对施工人员的技能要求。数位靠尺被广泛应用于测量墙面的垂直度、平整度以及接缝高低差等关键指标，其高精度测量能力有效确保了施工质量的达标，还能实时监控施工过程中的各项指标变化。在滨水会展中心项目中，施工人员通过数位靠尺及时获取了施工现场的数据反馈，从而能够迅速调整施工方案，确保施工进度和质量。传统的测量工具需要人工读取和记录数据，而数位靠尺的数字显示功能使得数据读取更加迅速准确。此外，数位靠尺还可以与智能建造系统相连，实现数据的自动传输和处理，大幅提高了施工效率。在滨水会展中心项目中，数位靠尺的应用显著缩短了施工周期，为项目的早日竣工创造了有利条件。

（5）混凝土智能回弹仪：智能回弹仪通过弹簧驱动重锤撞击混凝土表面，利用回弹值来快速判断混凝土的强度。在团结湖项目中，该设备被广泛应用于施工现场，以便迅速了解混凝土结构的强度情况。与传统的回弹仪相比，智能回弹仪具备数据自动记录和分析功能。在团结湖项目中，通过智能回弹仪收集的大量数据被实时传输到中央处理系统，进行自动分析，从而及时发现问题并优化施工流程。由于智能回弹仪采用先进的传感技术和数据处理算法，其测量结果的准确性远高于传统方法。在团结湖项目中，通过智能回弹仪获得的数据为施工质量控制提供了可靠依据。智能回弹仪自动记录的所有数据都可以方便地存储和查询。在团结湖项目中，这有助于实现对施工质量的全面监控和追溯，进一步提升项目管理水平。

5.1.5 信息化管理

在数字重庆"1361"整体架构下，围绕"团结湖畔、智造未来"的定位，从智能建造和智慧运营两大板块深入开展核心业务梳理和"三张清单"编制，并初步搭建了数字团结湖平台体系。包含了项目的数据资源体系、平台大脑、能力组件等。项目通过打造的智能建造管控中心初步融合领域知识与数字技术，构建一个全生命周期管理平台，以数据驱动、智慧化赋能带动城市建设再升级，为城市建设及运营提供一体化解决方案。现阶段，通过融合数据仓库与模型算法，为智能建造场景赋能，助力项目精细化管理水平提升。

在智能建造板块项目，基于赛迪城建自主研发的轻城数字化项目管理平台（以下简称轻城平台），集成涵盖从规划、设计、建设到竣工的全量建筑数据；在轻城平台上以建筑信息模型为核心，通过文档管理、协作管理、项目管理三大模块的应用，将项目的信息进行统一管理，对项目任务进行闭环管理。在平台上项目执行人员负责传递资料及项目信息反馈，管理人员负责审核决策，跟踪查看进展。在平台上通过简单的操作，提高工作效率，保证信息集成度，对事件形成历史记录，随时查看追溯。

5.1.5.1 三控联动管理

基于建筑信息模型挂接施工任务与质量检验并映射构件产值，实现现场移动端质量验收完成后，自动同步上报工程量获取进度产值。过程中，通过上报的计划人、材、机与现场实际抓取的人、材、机对比，实现资源调度的预警。通过全景计划模块进行整体管控，系统涵盖了项目多个业务管理部门，在项目各阶段共四十多个节点中的职责分工，各个节点的完成情况以及相关资料在系统中留存、可查。团结湖项目进度、产值联动如图 5-7 所示。

图 5-7　团结湖项目进度、产值联动

5.1.5.2 数字孪生鹰眼施工过程管理

通过记录现场 360° 全景图并与设计建筑信息模型进行比对，准确地以 3D 方式远程跟踪项目完成情况、线上查看现场 IoT 相关数据并分析。可通过云端记录实施过程中需要协调的问题，实现表单、建筑信息模型、现实全景结合；让项目工程数据在线、分析在线、设计在线、规划在线、记录在线、监管在线、交付在线，助力减少现场到访、预防纠纷、避免返工浪费及进度追踪。数字鹰眼现场巡检如图 5-8 所示。

5.1.5.3 碳排放管理

同时，以 CIM＋AI＋IoT 智慧运维为导向，持续打造 CIM7 应用底座，探索智能建造数据复用关键场景，实现智能建造三维空间数据、施工历史管理数据等关键数据在运维阶段价值的二次挖掘。

以节能减排为目标，基于计价文件的碳排放预算值的自动计算，实现计价文件的自动读取，材料、机械等碳排放因子和运输碳排放因子的自动匹配，并基于碳排放因子与材料计量单位换算系数的自动计算、分部分项工程碳排放量的自动划分、非侵入 AIoT（人工智能物联网）机械碳采集模块，实现建造机械碳排放数据自动采集。基于碳排放预算值、实际建筑材料使用量、机械台班使用量、建筑材料运输距离等，生成项目级碳

图 5-8　数字鹰眼现场巡检

排放现状驾驶舱，清晰展示项目碳排放现状。通过对项目碳排放量的实时感知，与预估碳排放量进行对比，利用减碳措施实现对项目碳排放总量的动态控制。

5.1.5.4　数字档案管理

通过打通各参建方各环节的不同管理平台的数据接口，对园区设计、生产、建造、运营等各个环节的数据进行整合和共享，实现数据的全过程穿透，实现项目全量资料汇集形成项目的数字档案库。除了自然人库、法人库、电子证照库、空间地理库、信用库5 大基础数据库，还构建了团结湖特有的城市信息模型库、构件库、建筑信息库、工程资料库、物联网设施库等专题库。并搭建数据资源管理系统，汇聚了超过 2600GB 的数据资源，实现了 4 大类、194 项、530 个图层的汇聚共享，可以快速查找数据的同时，以可视化的形式直观展现数据项。

5.1.6　项目综合效益及价值体现

团结湖项目遵循《重庆市智能建造试点项目评价指标（试行）》文件要求，探索落地了数字化设计、工业化生产、智能化施工及信息化管理的集成应用。项目建成智能建造管控中心，在数字化设计方面，实施 BIM 正向设计、参数化设计，打造一体化数字化交付与管理能力；在工业化生产方面，打造部品部件全过程溯源模块，实现"一码到底"与质量溯源管理；在智能化施工方面，建立了智慧工地云平台，实现了互联网＋工地跨界融合，推动了工地管理的绿色化、数字化和精细化发展。同时，探索应用了十余种建筑机器人及智能化装备；在信息化管理方面，以数据全生命周期流转贯通为主线，以质量、安全为重点，以标准为准绳，以流程为保障，结合信息化管理系统，打造了数据驱动业务管理的新型智能建造应用体系，依托"CIM＋"实现 CIM 7 级运营管控，同时创新打造全过程碳排放模拟与监测平台，利用减碳措施实现对项目碳排放总量的动态控制。

团结湖项目智能建造的系统性探索应用起到了良好的示范作用，为重庆市智能建造技术应用提升起到了极大的促进作用。

团结湖智能建造试点项目系统架构图如图 5-9 所示。

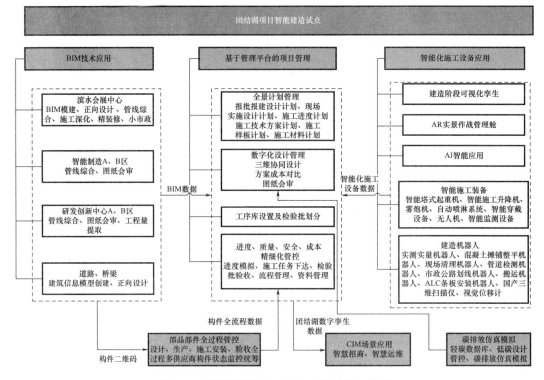

图 5-9　团结湖智能建造试点项目系统架构图

5.2　智能建造综合应用案例（二）

5.2.1　项目信息

重庆科学城电子信息产业孵化园（科学谷）项目是国家自主创新示范区、国家（西部）科技创新中心——重庆市高新区的重点项目，是西部（重庆）科学城首批科技创新产业园，地处科学城核心区，西临科学公园、东靠科学大道，以高新技术服务业为核心，协同发展新一代信息技术和数字产业，规划布局总部经济、中试研发、孵化培育、产业及人才配套等功能分区，打造全市创新产业最聚集、创新要素最活跃、创新人才最密集、创新生态最优越的智慧之谷、科学之谷。

在重庆市高新区的带领下，科学谷是高新区首个采用"数智化＋全过程工程咨询"的项目，以智慧运维为导向打造"数智建设大脑——科学谷项目 BIM 协同管理平台"。通过 BIM、5G、物联网、大数据、无人机等新型信息技术构建数智化管理体系，达到数据、流程和模型的深度融合，从而提供数智化全过程工程咨询的集成应用融合服务，实施智慧化管理，科学组织参建各方协同工作，大幅提高信息化程度和工作效率，实现项目的高效率、高品质建设。科学谷"数智化＋全过程工程咨询"主要包括五大板块：投资决策综合性咨询、设计咨询、造价咨询、工程监理、全过程 BIM 集成运用。

项目建造按整体绿建二星、装配式双 50％打造，主要围绕绿色低碳、智能技术等领域，打造最前沿科技聚集地和智能之谷、低碳之谷。项目的主要特点如下：

（1）项目定位高端，关注度高：重庆科学城是第一批科技创新产业园，是重庆市未来的"科技研发创新中心和高新技术企业总部"，是重庆市全过程工程咨询建筑师负责制试点项目，是重庆市建筑体量最大的数智化全过程工程咨询项目。

（2）项目建设体量大：总占地面积约 63 万 m²，总建筑面积 140 万 m²，13 个地块，130 余栋。

（3）场地复杂：典型的重庆山地建筑，最大高差 86m。

（4）项目管理协调量大：包含 7 个子项目，参建单位超 35 家。

（5）项目投资合同复杂：总投资 110 亿元。

（6）项目各项工程工期紧张：科学城建设一、二期要求分别在 2022 年 12 月和 2023年 12 月竣工。

（7）项目设计水准高：整体绿色建造二星、装配式双 50%。

（8）创新管理体系："1＋2＋3＋N"，即构建并围绕一个数智建设大脑——BIM 项目协同管理平台，融合"技术＋管理"的双轮驱动，实现组织创新、平台创新、技术创新三个创新目标，集成 N 个 BIM 新场景应用。

5.2.2 数字化设计

5.2.2.1 前期勘察及场地分析的数字化应用

地质模型的建立从提取地勘数据开始。通过从岩土工程勘察报告中的钻孔柱状图中逐一提取每个钻孔点的编号、坐标、深度和相应岩土层的标高等信息，如中风化泥岩层标高、强风化泥岩层标高等，整合结果如图 5-10 所示，钻孔数据处理如图 5-11 所示。分析可知，科学谷项目中的岩土层从下至上分别是中风化砂岩层、中风化泥岩层、强风化砂岩层、强风化泥岩层、粉质黏土层和素填土层。

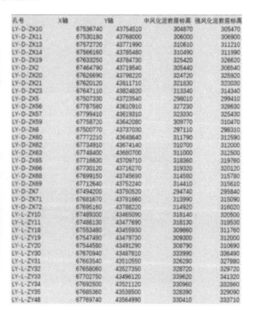

图 5-10　钻孔柱状图　　　　图 5-11　钻孔数据处理

1）三维地质模型

原始地形地貌模型如图 5-12 所示。

图 5-12 原始地形地貌模型

根据勘察设计资料，通过 Civil 3D 软件自动生成原始地形地貌模型。再根据科学谷地勘数据，由二维数据到三维数据，由钻快点到地质层再到地质体，快速生成了结合 BIM＋GIS 的三维地质模型，直观地展示了工程主体与底层的位置关系以及地质体的空间结构和属性分布特征，为科学谷项目前期勘察提供了技术支持。基于 ArcGIS 的一期局部地质模型如图 5-13 所示，基于 Civil 3D 的地质模型如图 5-14 所示。

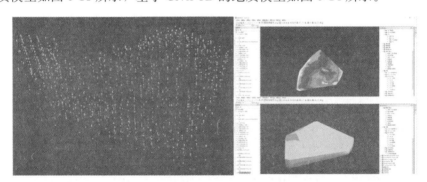

图 5-13 基于 ArcGIS 的一期局部地质模型

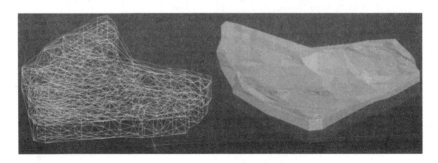

图 5-14 基于 Civil 3D 的地质模型

2）BIM＋GIS 场地模拟分析（图 5-15）

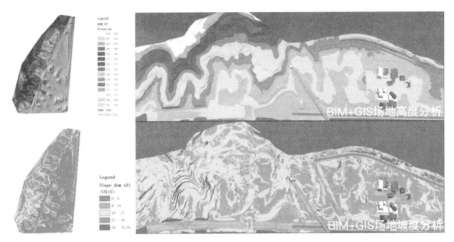

图 5-15　BIM＋GIS 场地模拟分析

结合 BIM＋GIS 技术自动生成场地模型，并根据科学谷勘察数据，进行高度和坡度分析，直观展示原始地形地貌与周边环境的位置关系，为项目前期方案提供可视化可量测的决策依据，作为设计、施工工作的基础。

5.2.2.2　方案及初步设计阶段的数字化应用

1）日照模拟分析

结合科学谷地形地貌、气象条件、设计图纸等数据，便可对科学谷园区进行日照分析。首先通过 Rhino 软件进行参数可视化建模（图 5-16）。

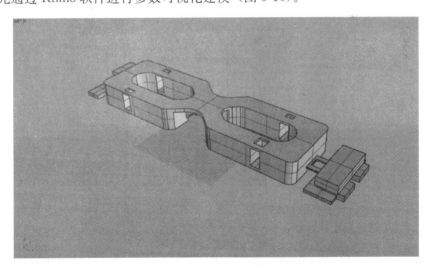

图 5-16　基于 Rhino 的可视化模型

通过日照时长分析（图 5-17），可以同时对建筑开窗比例、室内炫光、玻璃幕墙等外部环境因素进行更为细致的分析，以达到节约能耗和提高舒适度的要求，并确保建筑方案的合理性和可行性。

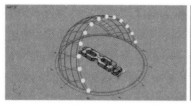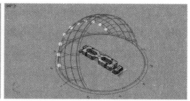

图 5-17　夏至日/冬至日建筑模型日照时长分析

2）基于建筑信息模型，辅助方案比选

通过对设计单位原二期路网方案进行建筑信息模型建立及数据提取，发现园区路网整体标高受限，将大面积出现 40m 以上的高切坡，施工难度大，挖方约 240 万 m³，土石方投资估算约 2.4 亿元。

通过建筑信息模型模拟，全咨单位提出该方案未能充分与重庆山地融合，且投资额过大。从而融合 BIM 咨询、设计咨询、造价咨询、监理咨询团队，并会同设计单位快速建立多个比选方案建筑信息模型及分析结果（图 5-18）。最终，比选方案三通过，相较于原设计方案，节省挖方约 44 万 m³、节省投资约 4500 万元。整个方案决策过程依托 BIM＋设计＋造价的深度融合快速推进，缩短决策时间约 15 天。

图 5-18　配套路网二期 BIM 方案比选

3）二期土石方施工范围模拟，提高决策效率

科学谷二期拟建场地原始地貌为斜坡及沟谷，属于丘陵地貌，总趋势为西高东低、北高南低，最大高差约 34.4m。原计划二期主体基坑土石方与二期配套路网土石方分别立项与实施，全咨单位考虑到分项分时段实施可能存在重复开挖、重复支护，造成浪费和工期延长。

全咨单位综合各板块优势，通过利用 Infraworks 建立不同的土石方建筑信息模型，各板块快速对二期土石方工程的实施范围、建设时序、支护方案等进行多方案讨论和重难点分析，快速确定二期土石方工程将"建筑与道路土石方结合实施"的方案，相比分子项、分阶段实施方案节省投资约 2300 万元，最后该子项从立项到挂网仅用时 40 天（图5-19～图 5-21）。

图 5-19　仅考虑建筑土石方

图 5-20　综合考虑建筑和道路土石方

图 5-21　全咨单位牵头向业主汇报实施方案

5.2.2.3　初步设计阶段的数字化应用

1）能耗模拟分析

利用参数化模拟软件 Ladybug 工具对项目建筑信息模型可视化编程，根据现行国家标准制定对应算法，输入气候及建筑外围护结构外形及其物理参数，结合人员密度、工作时段及性质、建筑内的设备功耗，制冷、暖系统等信息进行模拟计算，得出设计所需的逐时冷、暖负荷、太阳辐射量、建筑总能耗及单位面积能耗等数据，并对数据进行可视化处理。通过能耗模拟分析结果判断建筑选材、设备选型，实现建筑节能等重要作用。能耗仿真模拟如图 5-22 所示。

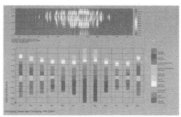

图 5-22　能耗仿真模拟

2）人流疏散仿真模拟分析

利用 Pathfinder 软件，导入 CAD 图纸后，进行人流疏散仿真模拟分析，分析人流疏散路径痕迹和人流疏散人群密度等各种状况下建筑的疏散情况，不仅可以辅助设计单位优化方案设计布局、帮助优化建筑物场馆等人群聚集场所的性能结构，还可以在事前设计出正确有效的应急管理措施，在提高疏散效率的同时尽可能降低拥挤事故的可能性。人流疏散路径痕迹/密度如图 5-23 所示。

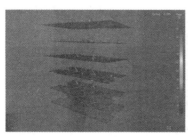

图 5-23　人流疏散路径痕迹/密度

3）交通仿真模拟，优化路网交通设计

在科学谷一期路网交通仿真模拟的相关应用过程中，发现多处因设计不合理而导致的路段拥堵。BIM 集成运用团队配合设计咨询团队及时将交通仿真分析报告提交设计方有关单位，并提出了重新设置公交线路或者将公交车站位置沿新春路北移的建议。经模拟分析及设计调整后，路段恢复畅通，优化了交通设计方案。交通仿真模拟如图 5-24 所示。

科学谷配套路网二期工程（一标段）共包含 3 条道路，其中一条为断头路，三处平交口均为 L 形、T 形交叉口，因此整个片区的连通性较差。BIM 集成运用团队在复杂节点处进行了交通流仿真模拟，直观形象地模拟出车辆、行人、道路、交叉口、信号灯等随时间变化的三维动画状态，并提供了对车辆、行人、信号控制三大类型的指标评价和结果分析，为设计单位的交通设计提供优化，也为园区建成后的交通管制措施提前进行预警。配套路网二期交通仿真模拟如图 5-25 所示。

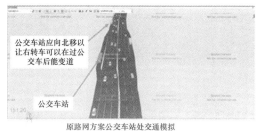

公交车站应向北移以让右转车可以在过公交车后能变道

公交车站

原路网方案公交车站处交通模拟

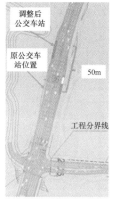

原公交车站

调整后公交车站

原公交车站位置

50m

公交车

右转弯车道

工程分界线

利用一期路网模型的交通仿真模拟，发现多处因设计不合理而导致的路段拥堵。经模拟分析及设计调整后，路段恢复畅通，辅助了道路设计的方案决策

调整后公交车站

调整后的公交车站处交通模拟

图 5-24　交通仿真模拟

图 5-25　配套路网二期交通仿真模拟

5.2.2.4　施工图阶段的数字化应用

1）整合专业模型

通过在施工图设计阶段建模过程中发现各种图纸的矛盾和问题，进行整理并出具报告，与设计单位密切沟通，以确保在施工图送审之前就能修正各种不合理设计。同时也能让建设单位、审图单位和施工单位更直观地将模型与图纸进行比对，发现设计的不合理处，减少图纸审核或读图的工作量，保障施工图的质量，从而节省二维图纸所造成的一系列成本、进度上的浪费。单体各专业模型如图 5-26 所示。

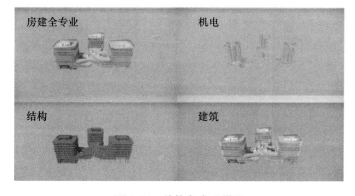

房建全专业　　机电

结构　　建筑

图 5-26　单体各专业模型

　　科学谷项日全专业建筑信息模型建立及整合。现阶段已完成科学谷原始地形地貌模型、科学谷一二期场平模型、一期局部地质模型、科学谷一二期 95 万 m² 建筑信息模型、科学谷一期道路模型以及全专业模型整合的工作。其中提交 BIM 分析咨询报告 345 份，解决设计中软、硬碰撞等问题超 1000 个，大量减少设计变更，做到事前控制，为后续施工到运维的全过程 BIM 集成应用打下基础（图 5-27～图 5-30）。

图 5-27　科学谷一（左）、二（右）期场平模型

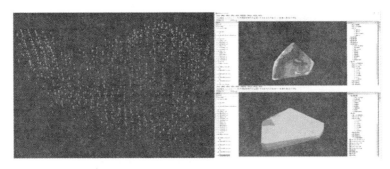

图 5-28　基于 ArcGIS 的一期局部地质模型

图 5-29　科学谷一（左）、二（右）期模型

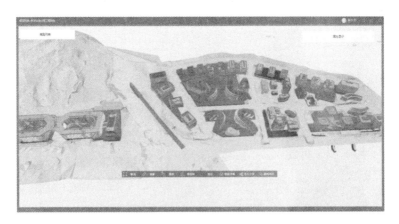

图 5-30　科学谷总体模型

2）地下室管综优化，辅助后续施工

科学谷地形复杂，整体呈西高东低，设计因地制宜，使地下室顶板呈阶梯下降，因此对地下室管线分布要求更高。全咨单位在施工图建模阶段，通过管综优化提前发现并解决各种冲突与碰撞，减少返工，缩短工期 20 天，节省投资约 650 万元。对于地上建筑而言，不同的功能区对净高的要求不同，通盘考虑后期精装修设计，通过管综优化依次合理布置各类管线，生成不同功能区的净高分析图，辅助设计单位进行精装修方案设计（图 5-31～图 5-33）。

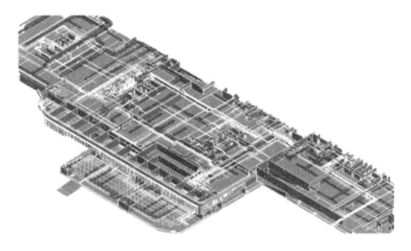

图 5-31　BIM 地下室管综优化

图 5-32　管综优化前后对比

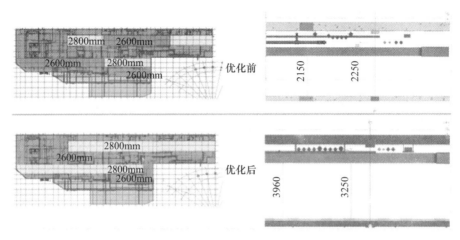

图 5-33 净高分析

3) 预留预埋

根据管综优化后的模型导出预留预埋深化图,在现场组织深化图纸交底并按图施工,做到事前控制,缩短工期,预留预埋可视化将问题提前解决,节约成本。预留预埋出图指导施工如图 5-34 所示。

图 5-34 预留预埋出图指导施工

4) 碰撞检查

根据科学谷一期新建建筑场平基坑及支护图纸,采用 Civil 3D 对场平基坑模型进行搭建,采用 Revit 对基坑支护模型进行搭建,整合形成场平基坑支护模型。采用 Navisworks 软件碰撞分析功能,对场平基坑支护与既有建筑室外管网可能存在的冲突及碰撞进行查验。根据碰撞分析结果,BIM 集成应用团队及时与设计团队及现场管理团队进行沟通,避免了在实际开挖及支护过程中因基坑支护与既有建筑室外管网冲突而产生的变更或管线迁移,避免了项目因此冲突相关问题导致的进度延后,同时也进一步为项目节省了可能因冲突而产生的费用。基坑支护模型如图 5-35 所示,支护与 12-B/12-9 处承台 CT-8a 及桩基 JZ-8 碰撞如图 5-36 所示。

图 5-35　基坑支护模型

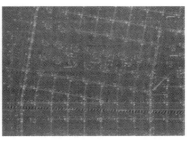

图 5-36　支护与 12-B/12-9 处承台 CT-8a 及桩基 JZ-8 碰撞

5）地下室回填算量辅助，避免土方外运浪费

在科学谷一期场平基坑模型的基础之上，进行建筑信息模型的二次应用。通过 Infraworks 进行景观的土方量建模与计算，同时通过 Rhino 建立的地下室模型得到地下室体积，计算两者的差值得到回填预留量。该计算结果为现场土方开挖预留提供了可靠的参考数据，避免了土方外运浪费，对项目的成本管控发挥了重要作用。平基土石方优化与验证如图 5-37 所示。

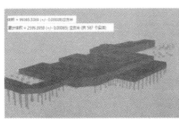

图 5-37　平基土石方优化与验证

6）精装修可视化

利用 BIM 精装修应用，创建人才公寓一层大厅、二层餐厅和房间精装修模型。此外，通过全景的方式，还能模拟使用者在公寓房间内的真实视角，极大地弥补了设计效果图只有二维平面信息而没有三维空间信息的短板，切实做到"身临其境"，为精装修设计的空间布局、装饰装修效果提供可视化辅助。科学谷一期人才公寓精装修可视化如图 5-38 所示。

图 5-38　科学谷一期人才公寓精装修可视化

5.2.3　工业化装修

通过 BIM 技术对项目装配式构件轻质隔墙板进行提前排布深化，充分利用材料，避免隔墙板现场施工时随意拼接，尽量将材料优化成一块或半块整板，在节约材料的同时提高现场施工质量。模型深化图及现场实施图如图 5-39 所示。

图 5-39　模型深化图及现场实施图

传统叠合板采用木模铺设时，常采用满铺进行施工，拆模后成型效果不佳，出现较多漏浆情况，且对模板的滞留量较大。因此对模板的铺设方法进行深化，采用"花板"的铺设方式，同时在模板边缘粘贴双面胶防止漏浆，现场实施后效果好。通过对叠合板的模板进行深化，节省模板费用约 50 万元，节约人工费用约 15 万元。叠合板模型深化排布如图 5-40 所示，模型-计算书-现场实施如图 5-41 所示。

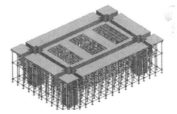

图 5-40 叠合板模型深化排布

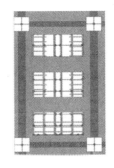

图 5-41 模型-计算书-现场实施

5.2.4 智能化施工

本项目利用建筑信息模型技术，搭建项目总平、结构、建筑、机电、室外管网、市政景观和重难结点等三维模型，利用三维模型的直观性来对施工阶段的场地布置、施工组织、危险性较大工程实施方案和进度安排等进行预演模拟，通过模拟结果辅助决策。管理人员通过对比模型和现场施工情况，及时预警和调整，提高质量检查的效率与准确性。通过建立三维虚拟质量、安全样板，结合 VR 设备和移动设备，可随时随地对现场人员进行技术质量交底、工艺指导和安全交底。现场虚拟样板引路如图 5-42 所示。

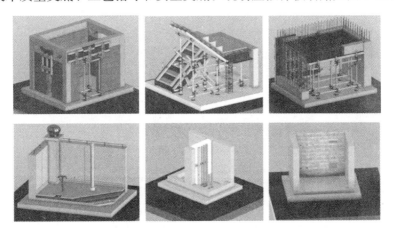

图 5-42 现场虚拟样板引路

通过无人机从不同高度及角度对现场进行航拍，将视频和图像资料传送至操作人员，利用软件收录及分析，呈现施工现场全貌，利于管理人员进行现场管理，根据施工情况及时调整施工策略，进而优化施工流程。通过基于无人机技术的 360°全景技术对模板拆除、高处作业、建筑起重机械的巡查，对施工现场安全进行实时监督。采用无人机倾斜摄影和建筑信息模型结合的手段，多量对比把控现场土方开挖工作进度、成本和质量。倾斜摄影和建筑信息模型算量辅助如图 5-43 所示。

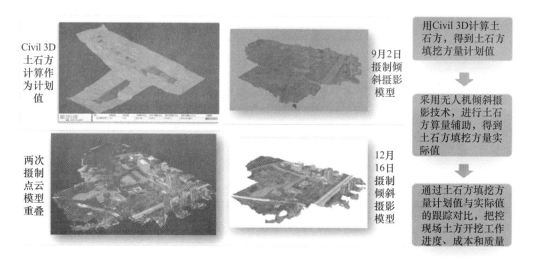

图 5-43　倾斜摄影和建筑信息模型算量辅助

可使复杂节点优化，提高施工效率，保证施工质量，对危大工程进行深化，辅助现场安全管理（图 5-44）。

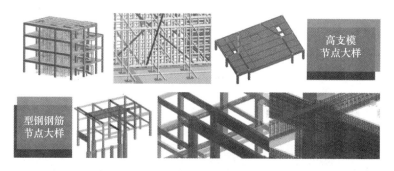

图 5-44　重难点优化

BIM 集成运用团队结合地质模型和桩基础模型，通过 Dynamo 进行可视化编程，使桩基础模型与地质模型形成交互，实现有据可依的桩长模拟测算，从而得出科学谷项目一期约 1200 根桩的桩长数据。一是在施工准备阶段辅助监理团队更加合理地对桩基施工进度计划及劳动资源进行策划与安排。二是通过该模拟还可计算出桩基础在不同地质层的长度。因本项目均为人工挖孔桩，而在不同地质层处桩基部分的土方开挖价格存在较大的差距，所以此数据可以辅助造价团队在前期对造价文件中桩基部分的限价编制更加准确。桩长模拟及桩长数据清单如图 5-45 所示。

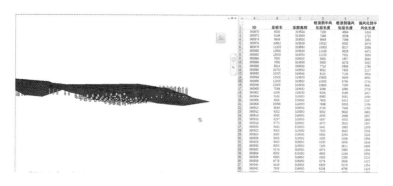

图 5-45　桩长模拟及桩长数据清单

5.2.5　信息化管理

项目围绕数智建设新技术、新模式、新场景的应用，打造"1＋2＋3＋N"的创新管理体系，即构建并围绕一个数智建设大脑——科学谷项目 BIM 协同管理平台，融合"技术＋管理"的双轮驱动，实现组织创新、平台创新、技术创新三个创新目标，集成 N 个 BIM 新场景应用——建筑信息模型技术在本项目全过程工程咨询中的应用，即通过建立完整、准确的建筑信息模型，为整个项目提供完整的、与实际情况一致的建筑工程信息库，大幅提高了建筑工程的信息集成化程度，提升了整个项目的工程效率，并使整个项目在全生命周期具备可直观视化性、可即时协调性、可真实模拟性、可高效优化性等特性。将科学谷项目 BIM 协同管理平台作为整个管理体系的大脑，将数据、流程和模型与建设全过程多场景深度融合，实现项目一体化、生产协同化、管理平台化、决策智慧化、业务生态化，助力科学城成为具有全国影响力的科技创新中心，为科学谷建设"强身健体"，科技赋能，为项目效率和效益创造价值。

同炎数智科技（重庆）有限公司打造基于业主方管理，模块最全、功能最完善、适用于参建各方的科学谷项目 BIM 协同管理平台。以 BIM、GIS、IoT 和大数据为核心，有机结合"小前端＋大后台"的管理模式。科学谷项目 BIM 协同管理平台——驾驶舱如图 5-46 所示。

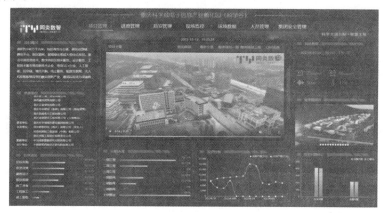

图 5-46　科学谷项目 BIM 协同管理平台——驾驶舱

自 2020 年 9 月上线后，定制化更新迭代 18 大模块、49 子模块，实现模型＋实景可视化管理，基于 WBS＋PBS 项目管理流程全关联，覆盖项目全生命期，是国内一流的自主研发 BIM 项目协同管理平台，支持业主组织各参建方在平台上通过可视化数据库进行沟通交流，对项目全生命期实施全过程一体化管控，以数据驱动管理，赋能业主智慧建设。多端协同如图 5-47 所示。

图 5-47　多端协同

科学谷项目是大型的群体复杂项目，包含科学谷一期、科学谷二期、科学谷三期、一期配套路网、二期配套路网、三期配套路网和土地整治工程共七个子项目的项目集。这类项目在实施过程中面临诸多挑战，指挥不畅通、信息黏滞现象严重、参与各方目标有差异、控制界面过多等问题。在科学谷项目建设过程中，通过全咨单位提供的项目协同管理平台为基础、包含五大板块的项目全生命期的咨询服务，使得项目集各阶段的界面可以相互打通、彼此串联，实现工程项目咨询的整体性、连续性和灵活性，发挥出"1＋1＞2"的效果，避免出现"卡脖子"现象，有序推进项目策划、招标采购、开工准备、现场施工协调等工作。科学谷项目五大板块分解图如图 5-48 所示。

图 5-48　科学谷项目五大板块分解图

1）轻量化模型上传与展示

通过科学谷全咨 BIM 团队组织各方持续性对项目设计阶段模型、施工阶段模型进行创建和更新，现阶段完成了科学谷一、二期总共 95 万 m² 体量的各专业模型，以及各类配套路网、景观模型、施工样板模型等。通过项目 BIM 协同管理平台数智管理-模型管理模块，将项目所有模型进行轻量化处理并上传服务器。通过平台轻量化处理可轻松地在多地、各端及时看最新模型，同时还可以通过平台对模型进行测量、拆分、属性查看、二维码分享和版本管理。平台模型查看如图 5-49 所示，平台模型版本管理如图 5-50 所示。

图 5-49　平台模型查看

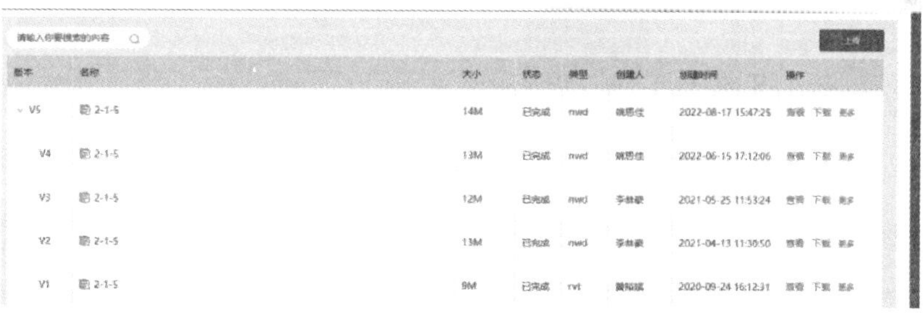

图 5-50　平台模型版本管理

2）标准化线上 BIM 咨询表单，减少工程变更

利用科学谷项目 BIM 协同管理平台，创新开发标准化 BIM 咨询表单流程，实现线上与设计单位协同。在搭建科学谷一、二期项目全专业（建筑、结构、机电）BIM 模型过程中，累计在平台上流转了 340 份 BIM 咨询报告，优化、更新、修正施工图问题达 1000 个以上，节省投资约 500 万元，做到事前控制，减少工程变更。标准化 BIM 咨询报告表单如图 5-51 所示。

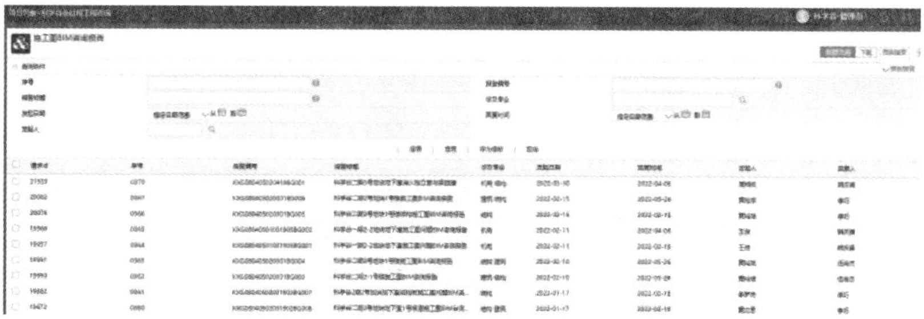

图 5-51　标准化 BIM 咨询报告表单

3）全生命期动态投资台账，一切投资可溯源

通过对全生命周期的造价工作逐级分解，将估、概、预、结、决各阶段内容逐层细化，整理形成项目自立项到竣工阶段的投资动态台账，实时更新实时监控，做到各阶段投资有序，后不超前。

结合科学谷项目 BIM 协同管理平台，充分发掘数智化潜力，实现一个页面集成投资估算、设计概算、签约合同额、动态成本、支付金额、结算金额、变更金额在内的全部投资数据，让一切投资可溯源、可预警，算清楚、管清楚、看清楚，加速决策。科学谷项目 BIM 协同管理平台——投资控制如图 5-52 所示。

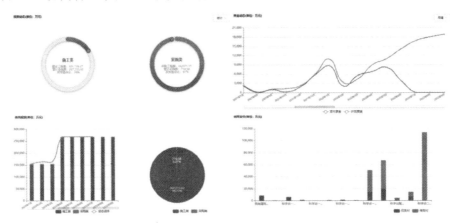

图 5-52　科学谷项目 BIM 协同管理平台——投资控制

4）重数据，强管理

监理团队落实安全质量巡查，发现问题立即通过移动端拍照及定位上传科学谷项目 BIM 协同管理平台，通过平台协同方式监督施工单位及时整改，并将整改情况通过拍照方式线上回复，保证管控数据留痕，提高管理效率。同时，利用平台质量安全统计功能，可对超期未回复、同一工序问题多发、同一单位问题多发等进行预警提醒功能，让监理团队对重点部位、重点单位做强力管理。

加强进度数智化管理，平台通过后台关联验收数据进模型，赋予相应模型状态情况，并根据监理团队现场巡视情况，进行数据核查和修正，保证模型数据准确反映现场施工进度情况。同时，对延期部位通过颜色和短信的方式对相应参建人员进行预警。平台质量、安全统计如图 5-53 所示，平台进度管理如图 5-54 所示。

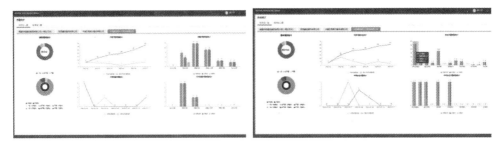

图 5-53　平台质量、安全统计

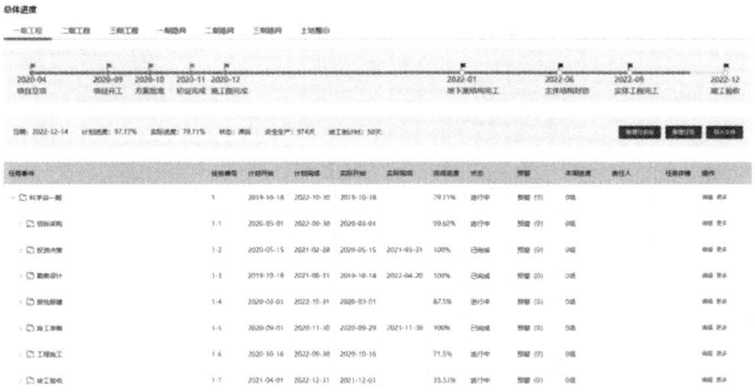

图 5-54　平台进度管理

5.2.6　项目综合效益与价值体现

数智化＋全过程工程咨询模式在该项目的开展，不仅为项目的质量、进度、安全保驾护航，更极大地降低了项目投资，成效颇丰，深受建设方的肯定。

2021 年 5 月，重庆高新区管委会建设局对科学谷项目在项目建设年"三比一争"百日攻坚行动中的模范作用进行了褒奖；2022 年 1 月，项目建设方通过"表扬信"的形式对项目全咨单位在项目建设年所作出的卓越表现进行了肯定；不仅西部（重庆）科学城官方公众号对项目采取的数智化全咨模式进行了各类报道，科学谷项目还获评重庆市首批全过程工程咨询建筑师负责制试点项目。此外，该项目曾获 2021 年第四届"优路杯"全国 BIM 技术大赛银奖。荣誉汇总如图 5-55 所示。

图 5-55　荣誉汇总

全过程设计咨询板块为项目节省投资约 3800 万元，其中，二期边坡和挡墙优化节省投资约 1000 万元；一期边坡和挡墙优化节省投资约 50 万元；基础形式、地库结构地板、地梁配筋优化节省投资约 2430 万元；雨水调蓄池、地库出入口优化节省投资约 320 万元；实现建筑工程至今"0"变更。

集成 BIM 应用板块为项目节省 1150 万元，其中，图纸校核累计在平台流转超过

340 份 BIM 咨询报告，修正超过上千个问题，节省投资约 500 万元；管综优化指导施工，减少返工，提高质量，节省投资约 650 万元，缩短工期 20 天。

此外，全咨团队还通过多专业融合，为项目节省投资约 7800 万元，其中，配套路网二期方案比选节省投资约 4500 万元，缩短决策时间约 15 天；二期土石方实施方案分析节省投资约 2300 万元，缩短决策时间约 15 天，从立项到挂网仅 40 天。